要点解説

設計者のための
プラスチックの
強度特性

第2版

本間 精一 著

丸善出版

まえがき

　鉄，銅合金，アルミ合金などの金属材料と比較して，プラスチックは軽量性，設計自由性，生産性などの点で優れていることから，自動車，携帯端末，精密機器，電機・電子機器など多岐にわたる分野に応用されている．しかし，金属材料とは特性が異なるため，強度設計では次の課題がある．

①　粘弾性特性を有するため，弾性体として取り扱える設計範囲が狭い．

②　許容応力や弾性率が低いので，製品設計でカバーしなければならない点が多い．

③　熱，紫外線，化学的条件によって強度が低下しやすい．

④　製品設計，成形条件，二次加工などの要因が関係するので，製品強度に影響する変数が多い．

⑤　プラスチックの種類および品種によって特性が異なるため，設計データの汎用性が低い．

　加えて，応用技術面では体系化された設計データの集積が少ないこと，トラブル対策事例についても公表資料が少ないことなどの理由から，製品設計や品質保証に携わる方々は戸惑われることが多いと思われる．

　旧版『設計者のためのプラスチックの強度特性』は，プラスチック製品の強度設計やトラブル対策について現場的観点からまとめたが，2008年に出版してからすでに14年が経過している．最近の多様な要求に十分応える内容になっていない点も散見されるので，全面的に改訂することにした．本書の構成は旧版とほぼ同じであるが，次の点に重点をおいて改訂している．

・「ポイント」の項では強度設計に先立って是非知っていただきたいことを幅広く取り上げ，プラスチックを扱った経験の少ない方にも理解いただけるように専門的解説を避けて簡潔にまとめた．

・「Q&A」の項では，現場の技術者が抱きがちな疑問を，粘弾性，材料力学，破壊力学，分子構造，材料物性，成形加工などにわたる基礎的知見をもとに解説した．

・製品設計（第9章），割れトラブルの原因究明（第10章），割れトラブル事

例と対策（第11章）などの内容を充実した.

・全章を通じて重複した解説を避けるため，参照すべき「ポイント」または「Q&A」の番号を（➡ポイント●−●）または（➡ Q●・●）で示した.

　筆者は，樹脂製造メーカーにおいて材料開発，応用加工，技術サポートなどの立場から，客先におけるプラスチック製品の設計や割れトラブル対策に長く携わった経験がある．それらの経験から，過去の個別設計例またはトラブル対策事例の集積だけでは新しい課題への対応は困難であり，基礎的知見（原理・原則）をベースにした応用力を身に着ける必要性を痛感した．本書が，プラスチック製品の強度設計や品質保証に携わる諸氏にとって応用力を身に着ける一助になれば幸いである.

　改訂版の執筆にあたって有益な助言をいただいた丸善出版株式会社企画・編集部の熊谷現氏，針山梓氏に厚く感謝申し上げる.

2022年10月

本間　精一

目　次

❶ 強度と限界を知ろう

ポイント

❷ 活用のための基本的性質を知ろう

ポイント

3 活用時に役立つ力学的性質とは

ポイント

4　クラック現象を解明しよう

ポイント

5　環境条件による劣化を知ろう

ポイント

6　寿命を予測しよう

ポイント

射出成形における強度への影響要因を探ろう

ポイント

8　残留ひずみの悪さを知ろう

ポイント

9　よりよい製品設計をするには

ポイント

⑩　割れトラブル原因をどのように調べるか

ポイント

11　割れトラブルをどのように解消するか

ポイント

1

強度と限界を知ろう

 **1-1** ## プラスチック（熱可塑性）の強度発現原理

　図1.1に示すように，プラスチックは長鎖の線状分子（ポリマー）の集合体であり，ポリマー間には絡み合いも存在する．ポリマー内は強い共有結合エネルギー（➡Q1·1）で結びついているが，ポリマー間は弱いファン・デル・ワールス結合エネルギー（➡Q1·1）で結びついている．力を加えると結合エネルギーの弱いポリマー間から破壊する．また，ポリマー間の絡み合い数が少ないと破壊しやすくなる．したがって，プラスチックの強度はポリマー間の結合エネルギーと絡み合いによって発現する．ただし，水素結合エネルギー（➡Q1·1）で結合しているプラスチックもある．例えば，ポリアミドのアミド結合（-CONH-）間は水素結合している．

ポリマー間結合：ファン・デル・ワールス結合

ポリマー内結合：共有結合

絡み合い

図1.1　プラスチック（熱可塑性）の概念図

 1-2 ## 温度上昇に伴う強度低下

　物体は全体として動いていなくても構成する分子や原子は熱運動している．熱運動が完全に停止するのは絶対温度（K：ケルビン）0度であり，温度上昇に伴って熱運動は次第に活発になる．

　温度上昇に伴ってポリマーの熱運動が活発になるためポリマー間隔が広がる．そのため，ポリマー間のファン・デル・ワールス結合エネルギーは小さくなり，かつポリマー間の絡み合いもほぐれやすくなる．その結果，温度上昇につれて強度は低下する．

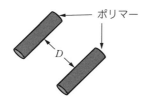

図 1.2　ポリマー間距離

　ポリマー間結合エネルギー（ファン・デル・ワールス結合エネルギー）は次式で示される[1].

$$F \propto \frac{1}{D^6} \tag{1.1}$$

ここで，F は結合エネルギー，D はポリマー間距離である（**図 1.2**）.

　したがって，ポリマー間結合エネルギー F はポリマー間距離 D の 6 乗に反比例して小さくなるので，温度が上昇すると強度は低くなる.

ポイント 1-3　プラスチックの破壊様式

　破壊様式には脆性破壊と延性破壊がある．両破壊様式の概念を**図 1.3**に示す．脆性破壊はポリマー間からクラックが発生し伝播して破壊する様式である．延性破壊はネッキングを起こしポリマー間でずれながら破壊する様式である．

　各種強度と破壊様式を**表 1.1**に示す．クリープ破壊強度，疲労強度，一定ひずみ下の強度などはまずクラックが発生し伝播して破壊するので脆性破壊を示す．静的強度や衝撃強度は，条件によって脆性破壊を示す場合と延性破壊を示す場合がある.

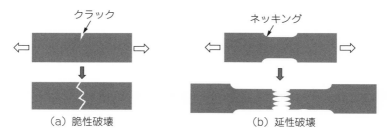

（a）脆性破壊　　　　　　　　　（b）延性破壊

図 1.3　脆性破壊と延性破壊の概念図

表 1.1　各種強度と破壊様式

強度	概念	破壊様式
静的強度 （引張，曲げ，せん断）	一定速度で変形させたときの降伏 または破壊応力	脆性破壊 延性破壊
衝撃強度	衝撃力を加えたときの破壊吸収エ ネルギー	脆性破壊 延性破壊
クリープ破壊強度	一定応力を加え続けたときの破壊 応力	脆性破壊*
疲労強度	繰り返し応力を加えたときの破壊 応力	脆性破壊
一定ひずみ下の強度	一定ひずみ下で発生するクラック	外力が作用すると脆性破壊

* 高応力では延性破壊することがある.

ポイント 1-4　脆性破壊と強度ばらつき

　脆性破壊では微小欠陥部（分子末端，切り欠き，異物，ボイドなど）が応力集中源になってクラックが発生し伝播して破壊する．クラック発生は確率的現象であるので，脆性破壊すると強度ばらつきが大きくなる（➡ Q1·8）.

　延性破壊ではまずネッキング現象が起きる．ネッキングするときの応力が降伏強度である．降伏強度はばらつきが小さい．ネッキングが成長してやがて破断するが，破壊強度は欠陥部から破壊するので強度ばらつきは大きい.

ポイント 1-5　衝撃力と破壊

　静的強度，クリープ破壊強度，疲労強度など（以下一般強度という）は破壊するときの応力で測定され，それらが大きいほど強い材料である．一方，衝撃強度は衝撃力を受けたときに破壊するまでの吸収エネルギーで測定され，それが大きいほど強い材料である．一般強度が高くても衝撃強度が低いプラスチックもある．図1.4に示すように衝撃力を受けた瞬間には弾性ひずみが発生するが，その後は2つの破壊過程をたどる．延性破壊はポリマー間でずれ（せん断

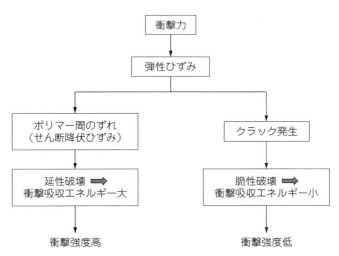

図 1.4　衝撃破壊様式と衝撃強度

降伏）ながら破壊する過程で衝撃エネルギーを吸収するので衝撃強度は高い.
一方，脆性破壊ではクラックが発生し破壊する過程における衝撃エネルギーの
吸収は少ないので衝撃強度は低い.

Q&A Q▶1・1　共有結合，ファン・デル・ワールス結合，水素結合とはどのような結合ですか？

　化学結合論に基づく正確な表し方ではないが，各結合の概念図を**図1.5**に示す．**表1.2**に各結合エネルギーを示す[2]．

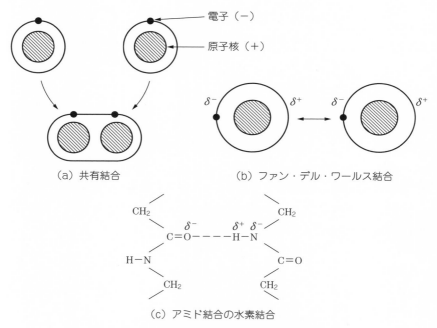

（a）共有結合　　　　　　　　　（b）ファン・デル・ワールス結合

（c）アミド結合の水素結合

図1.5　プラスチックの結合様式概念図

表1.2　ポリマーおよびポリマー間の結合エネルギー[2]

分類	結合の種類	結合エネルギー（kcal/mol）	原子間力が働く原子間距離（nm）	対象
1次結合	共有結合	50〜200	0.1〜0.2	ポリマー内結合
2次結合	水素結合	2〜7	0.2〜0.5	ポリマー間結合（例：ポリアミド）
	ファン・デル・ワールス結合	0.01〜1	0.3〜0.5	ポリマー間結合

　原子では原子核の周りを電子が回転運動をしている．共有結合は，図(a)のように隣り合う原子の原子核が互いに電子を共有して結合している．このように電子を共有することによって両原子間には強い結合エネルギーが生まれる．ポリマーを構成する原子は共有結合で結びついている．

　原子核の周りを回る電子が瞬間的に図(b)のような位置関係になったとき，プラスとマイナスが引き合うことで分子間に結合エネルギーが生まれる．このような結合がファン・デル・ワールス結合である．また，プラスとマイナスのずれを双極子という．一般的には，ファン・デル・ワールス結合は双極子のゆらぎによって生まれるといわれている．

　分子鎖中に窒素，酸素，塩素のように電子を引き付ける性質（電気陰性度）が大きい原子を有し，かつ分子配列が非対称構造であるときには，電気陰性度の大きい原子が水素原子を引き付けることで結合エネルギーが生まれる．この結合を水素結合という．図(c)はポリアミドのアミド結合に生じる水素結合の例である．同図のように水素原子は窒素原子に電子を引っ張られるためプラスになり，隣の酸素原子に引き寄せられるので水素原子を介して水素結合が生まれる．

Q&A Q 1・2　実用強度に影響する分子構造要因は何ですか？

　基本的には実用プラスチックの強度は主としてポリマー間のファン・デル・ワールス結合エネルギーによって発現するが，分子構造によっても強度特性に違いが生まれる．

　強度特性に影響する分子構造要因と分子式の例を**表1.3**に示す．

　非晶性プラスチック（➡ポイント2-8）はポリマーに剛直な分子鎖やかさ張った分子鎖を導入して熱運動を抑制することで強度を発現させている．ポリマーの熱運動（ミクロブラウン運動）が急に活発になる温度がガラス転移温度（➡ポイント2-11）である．ガラス転移温度が高いほど高温まで強度を保持できる．表には非晶性プラスチックの例としてポリカーボネートとポリエーテルスルホンの分子構造を示す．主鎖に剛直な分子構造であるベンゼン環（⌬）が導入されていることがわかる．

　結晶性プラスチック（➡ポイント2-7）は結晶化している部分（結晶相）と結晶化していない部分（非晶相）から構成されており，結晶相の体積分率が結

表1.3　プラスチックの強度に影響する1次構造要因

	1次構造要因	分子構造の例
非晶性 プラスチック	・剛直な分子鎖 ・立体障害の大きい分子鎖	ポリカーボネート ポリエーテルスルホン
結晶性 プラスチック	・柔軟な分子鎖 ・規則性のある分子鎖配列	ポリアミド66 $-[NH(CH_2)_6-NHCO-(CH_2)_4CO]_n-$ ポリエーテルエーテルケトン
液晶ポリマー	・液晶分子鎖	液晶ポリエステル（タイプⅡ）

晶化度である．結晶相はきちっと折りたたまれてポリマー間が近接し強固に結合しているので，結晶化度が高いほど強度は高くなる．ガラス転移温度を超えると非晶相の熱運動が次第に活発になるため温度上昇に伴って強度低下は比較的高くなるが，結晶が融解する温度（結晶融点➡ポイント2-12）まで結晶相によってある程度の強度を保持している．したがって，結晶性プラスチックは結晶化度が高く，結晶融点が高いほど高温領域まで強度を保持している．また，結晶化するためには溶融状態から冷却する過程で速やかに結晶構造にシフトできる柔軟な分子構造，または規則的な分子鎖配列であることが必要である．結晶性プラスチックの例としてポリアミド66とポリエーテルエーテルケトンの分子構造例を表1.3に示す．ポリアミド66は主鎖に柔軟な脂肪族鎖$[-(CH_2)_n-]$を有している．ポリエーテルエーテルケトンはエーテル基（-O-）とカルボニル基（-CO-）が規則的に折れ曲がった配列構造であるゆえに結晶性を示す．

　液晶ポリマーは溶融状態においても液晶構造を有する結晶性プラスチックで

ある．成形過程で液晶配向の補強効果によって高強度を発現する（➡ Q1·5）．
液晶ポリエステル（タイプⅡ）の分子構造も表 1.3 に示す．

Q 1·3　複合材料の強度への影響要因は何ですか？

複合材料には繊維強化とポリマーアロイがある．

ガラス繊維や炭素繊維で強化すると補強効果によって強度・弾性率が向上す
る．充填率が高くなるほど，強度・弾性率は高くなるが流動性が低下するので，
一般的には 40 wt％〜50 wt％が上限である（ポリアミドは 60 wt％まで可能）．
また，繊維強度，充填率，樹脂と繊維の界面接着性，アスペクト比（繊維長/繊
維径）なども強度に影響する．さらに，成形時の繊維配向も関係する．ただし，
繊維強化しても衝撃強度は向上しないか低下する．これは，繊維末端が応力集
中源になるためと推定される．繊維長が長くなれば単位体積中の繊維末端数が
減少するので衝撃強度は向上する．

ポリマーアロイでは，ゴム成分とアロイにすると衝撃強度が大幅に向上する．
例えば，ABS 樹脂は AS 樹脂とブタジエンゴムのポリマーアロイである．AS 樹
脂中にサブミクロンサイズのゴム粒子が無数に分散している．図 1.6 のように
ABS 樹脂製品に衝撃力が加わるとゴム粒子周囲で応力方向にクレーズ
（➡ポイント 4-1）が発生することで衝撃エネルギーを吸収し，高い衝撃強度
を発現する．

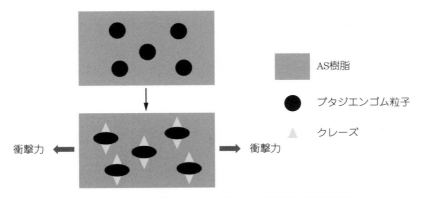

AS樹脂

ブタジエンゴム粒子

クレーズ

衝撃力　　　　　　　　　　　　　　　　衝撃力

図 1.6　ABS 樹脂のクレーズによる衝撃強度発現機構

Q&A Q 1·4 実用強度に影響する分子量要因は何ですか？

分子量が高くなるほど，単位体積中に占める分子末端は減少しポリマー間の絡み合い数が多くなるので，徐々に強度は高くなる（➡ Q2·3）．ただし，分子量があまりに高くなると非熱溶融になり射出成形や押出成形ができなくなるため，特殊な方法（溶液キャスティング法，焼結成形法など）で加工しなければならない．

Q&A Q 1·5 実用強度に影響する高次構造要因は何ですか？

ポリマーの分子構造を 1 次構造といい，成形工程で形成される微細構造を 2 次構造または高次構造という．図 1.7 に示すように，射出成形工程で形成される高次構造には結晶構造，分子配向，液晶配向，繊維配向がある．

図(a)に示すように結晶性プラスチックは溶融状態では非晶状態であるが，型内冷却過程で結晶が生成する．結晶生成のしやすさは分子構造によって決まるが，結晶構造や結晶化度には成形条件が影響する．金型温度が高いほど緻密な結晶構造になり結晶化度も高くなる（➡ポイント 7-13）．結晶化度が高いほど強度・弾性率は高くなるが，衝撃強度は低くなる傾向がある．

ポリマーは溶融状態では丸まった形態（ランダムコイル）をとる性質がある．

（a）結晶化　　　　　　　　　　　　　（b）分子配向

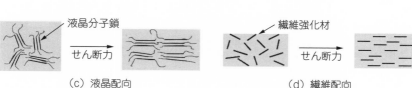

（c）液晶配向　　　　　　　　　　　　（d）繊維配向

図 1.7　射出成形における高次構造形成

図(b)に示すように射出・保圧過程でせん断力を受けると流動方向に分子配向する．そのまま型内で急冷されると分子配向状態で固化する．製品肉厚が薄くなるほど分子配向しやすくなる．分子配向すると配向に平行方向の強度は高く，垂直方向は低くなる傾向がある．

　液晶ポリマーは溶融状態では液晶分子鎖はランダム状態で分散しているが，図(c)に示すように射出・保圧過程でせん断力を受けると液晶分子鎖は流動方向に配向する．製品肉厚が薄くなるほど液晶配向は顕著になる．液晶配向すると配向に平行方向の強度は著しく高くなり垂直方向は低くなる．

　短繊維強化材料は溶融状態では繊維はランダムに分散している．図(d)に示すように射出・保圧過程でせん断力を受けると繊維は流動方向に配向する．製品肉厚が薄くなるほど繊維配向しやすくなる．繊維配向すると配向に平行方向の強度は高くなり垂直方向は低くなる（➡ポイント 7-12）．

Q&A　Q 1・6　条件によって破壊様式はどのように変化しますか？

　破壊様式の違いはプラスチックがクレーズ破壊（➡ポイント 4-2）するか，ポリマー間でずれながら破壊（せん断降伏破壊）するかによって決まる．クレーズ破壊はクレーズが発生し，さらにクラックに成長して脆性破壊する．一方，せん断降伏破壊は，ポリマー間でせん断降伏変形を示しながら延性破壊する．クレーズ破壊臨界応力がせん断降伏破壊臨界応力より小さければ脆性破壊になり，逆の場合は延性破壊となる．

　図 1.8 は，温度およびひずみ速度（➡ Q3・2）と破壊臨界応力の関係をグラフに表したものである[3]．図からわかるように，温度が低い側ではクレーズ破壊臨界応力がせん断降伏破壊臨界応力より小さいため脆性破壊を示す．一方，温度の高い側ではせん断降伏破壊臨界応力のほうが小さいので延性破壊を示す．同様にしてひずみ速度についても，ひずみ速度が速いとクレーズ破壊臨界応力のほうが小さいので脆性破壊となり，遅いとせん断降伏破壊臨界応力が小さくなるので延性破壊となる．ひずみ速度はひずみが増加する速度であるので，遅いとポリマー間のずれに追随できるので延性になり，速いと追随できずクラックが発生して脆性破壊となる．

　このように，プラスチックは条件によって脆性破壊を示したり，延性破壊を

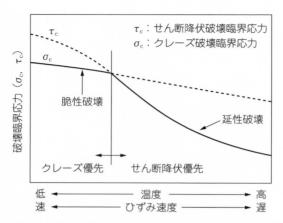

図 1.8　温度，ひずみ速度と破壊臨界応力の概念図[3)]

示したりする性質がある．脆性破壊から延性破壊への変化点はポリマーの分子構造によって変化する．

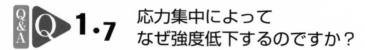

1.7　応力集中によってなぜ強度低下するのですか？

　材料中に欠陥部となる応力集中源が存在すると，応力集中によって平均応力よりはるかに大きな応力が発生するので破壊しやすくなる．

　図 1.9 は，先端アール r，切り欠き長さ L の切り欠きを入れた試験片である．この試験片に平均引張応力 σ_0 が作用したときに切り欠き底に発生する最大引張応力 σ_{max} は，近似的に次式で示される[4)]．

$$\sigma_{max} = \sigma_0 \left(1 + 2\sqrt{\frac{L}{r}} \right) \qquad (1.2)$$

ここで，$\alpha = (1 + 2\sqrt{L/r})$ を応力集中係数という．

　上式から最大引張応力 σ_{max} には次の要因が影響することがわかる．

① 　切り欠き長さ L の平方根に比例して大きくなる．

② 　先端アール r の平方根に反比例して大きくなる．

　例えば，円形の穴があると $r = L$ であるから，応力集中係数は 3 となる．20 MPa の引張応力が作用すると，60 MPa の最大引張応力が発生する．

　とくに，クラック底の先端アール r は非常に小さいので，平均引張応力 σ_0 に

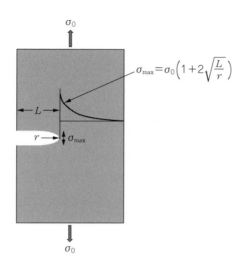

図1.9　応力集中による最大引張応力[4]

対し最大引張応力 σ_{max} はきわめて大きくなり，クラックはすぐに成長して脆性破壊する．

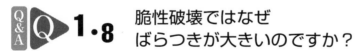

Q1·8　脆性破壊ではなぜばらつきが大きいのですか？

　破壊力学の考え方では，クラックの発生は確率的現象であるとされている．そのため，脆性破壊では強度ばらつきが大きくなると考えられる．

　アイリングの速度過程論によれば，**図1.10**のようにポテンシャルの山（➡ Q6·4）を越えるとクラックが発生し破壊するとされている[5]．ポテンシャルの山を越えるか越えないかは確率的現象である．図(b)のように，応力 σ が作用するとポテンシャルの山を越える確率は高くなるのでクラックが発生し脆性破壊しやすくなる．

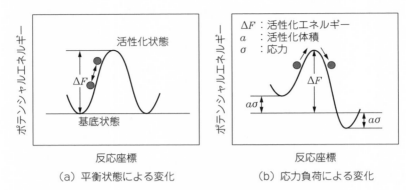

図1.10 速度過程におけるポテンシャルの山[5]

引用文献

1) T. A. Osswald, H. G. L. Menges 著, 武田邦彦監修, エンジニアのためのプラスチック材料工学, p. 21, シグマ出版 (1997)
2) 佐藤弘三著, 塗膜の接着—理論と実際, pp. 15～17, 新高分子文庫 (1999)
3) 成沢郁夫, 成形加工, **3** (1), 6-8 (1991)
4) 成沢郁夫著, プラスチックの強度設計と選び方, p. 31, 工業調査会 (1986)
5) 成沢郁夫著, 高分子材料強度学, p. 260, オーム社 (1989)

2

活用のための
基本的性質を知ろう

ポイント 2-1 　粘弾性の発現原理

　弾性と粘性の両特性を示すことを粘弾性という．プラスチックはポリマーの集合体であるので（➡ポイント 1-1），**図 2.1**(a)に示すように力を加えるとポリマーの結合角や原子間距離が瞬間的に変位して弾性ひずみが生じる．しかし，図(b)に示すように時間が経つとポリマー間でずれ（せん断降伏）が生じて粘性ひずみが生じる．力を解放すると弾性ひずみはもとに回復するが，粘性ひずみは回復せずに永久ひずみとなる．

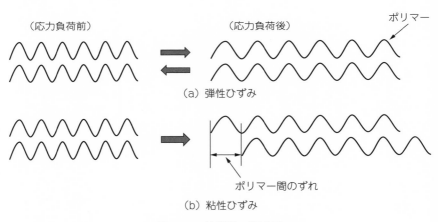

（応力負荷前）　　　　　　　　　（応力負荷後）　　　　　　ポリマー

（a）弾性ひずみ

ポリマー間のずれ

（b）粘性ひずみ

図 2.1　粘弾性の概念図

ポイント 2-2 　温度と粘弾性挙動

　温度が低いと熱運動は不活発になりポリマー間隔は近接する．その結果，ポリマー間の結合エネルギー（ファン・デル・ワールス結合エネルギー）が大きくなりポリマー間のずれが起こりにくくなるので弾性ひずみが支配的になる．一方，温度が高くなると熱運動は活発になりポリマー間隔が広がりずれやすくなるので粘性ひずみが支配的になる．

ポイント 2-3　応力緩和現象

　一定のひずみを与えた直後に発生した応力（初期応力）が時間経過に伴い小さくなる現象を応力緩和という（➡ Q2・1）.

　図2.2に示すように，引張試験片に一定の変形を与えて保持すると試験片内部には一定の引張ひずみが発生する.

$$\varepsilon = \frac{L - L_0}{L_0} \tag{2.1}$$

ここで，ε は引張ひずみ（単位なし），L_0 は平行部の変形前の長さ（mm），L は変形後の長さ（mm）である.

　ひずみによって発生する初期引張応力は弾性限度内では次式になる.

$$\sigma_0 = E \times \varepsilon \tag{2.2}$$

ここで，σ_0 は初期引張応力，E は引張弾性率（ヤング率），ε は全ひずみ（弾性ひずみ）である.

　しかし，図2.3に示すように全ひずみ ε は一定であるから，時間が経過すると次式のように粘性ひずみ ε_t が増加するので，弾性ひずみ ε_r は小さくなる.

$$\varepsilon_r = \varepsilon - \varepsilon_t \tag{2.3}$$

ここで，ε は全ひずみ（一定），ε_r は弾性ひずみ，ε_t は粘性ひずみである.

　時間経過後の応力は次式である.

$$\sigma_t = E \times \varepsilon_r \tag{2.4}$$

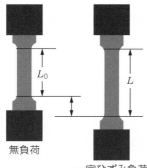

無負荷

一定ひずみ負荷　　　　図2.2　一定ひずみ負荷状態

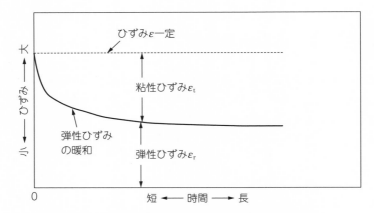

図2.3　一定ひずみにおける弾性ひずみの経時変化

ここで，σ_t は時間経過後の応力（MPa），E は引張弾性率（MPa），ε_r は時間経過後の弾性ひずみである．

　したがって応力 σ_t は時間経過とともに小さくなる．

　例えば，**図2.4** のようにプラスチック製品に設けられた雌ねじを金属製雄ねじで締め付けて時間が経過すると，締め付け力が弱くなる．これは応力緩和によるものである．つまり，締め付けによって雌ねじに発生するひずみ（せん断ひずみ）は一定であるが，応力（せん断応力）が緩和するため締め付け力が弱くなる．

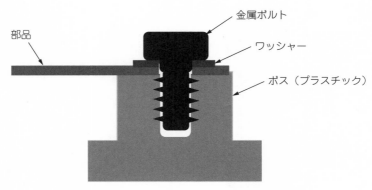

図2.4　応力緩和による締め付け力の緩み

ポイント **2-4** クリープ現象

　一定の応力を負荷して時間が経過するとひずみが増大する現象をクリープという（➡ Q2·2）.

　図2.5に示すように，引張試験片に一定の荷重を与えて保持すると，試験片内部には引張応力が発生する.

$$\sigma = \frac{W}{S} \tag{2.5}$$

ここで，σ は引張応力（MPa），W は荷重（N），S は試験片断面積（mm^2）である.

　試験片に引張荷重を加えた瞬間には弾性ひずみが発生するが，時間が経過すると粘性ひずみが増加する. 一定応力のもとでは全クリープひずみは次式で表される.

$$\varepsilon_\mathrm{T} = \varepsilon_\mathrm{r} + \varepsilon_\mathrm{t} \tag{2.6}$$

ここで，ε_T は全クリープひずみ，ε_r は弾性ひずみ，ε_t は粘性ひずみである.

　したがって，粘性ひずみ ε_t の増加につれて全クリープひずみ ε_T も増加する.

　全クリープひずみと経過時間の関係を図に表したのがクリープ曲線である.

図2.6に示すように全クリープひずみは時間経過とともに増加し，次第に横軸に平行になりクリープ限度を示す.

　図2.7のように，荷重を加えると徐々に変形するのはクリープによるものである.

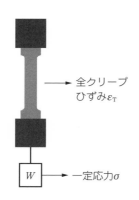

図2.5　一定応力負荷状態

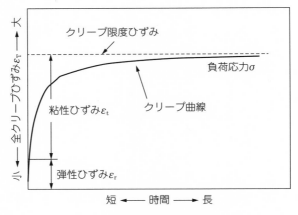

図2.6　クリープ曲線

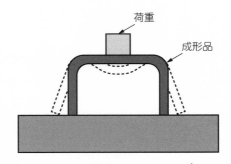

図2.7　荷重によるクリープ

**2-5　分　子　量**

　例えば，ポリエチレンの分子構造は次式である．

$$\text{-}\!\left(\!\text{CH}_2\text{-CH}_2\!\right)\!_n \qquad n：重合度$$

　同式は繰り返し単位（-CH$_2$-CH$_2$-）が n 個つながっていることを示している．したがって，分子量は（繰り返し単位の分子量）$\times n$ である．

　重合度 n が大きい分子は，繰り返し単位が多くつながっているので分子の長さが長い．繰り返し単位の分子構造が同じプラスチックについては，分子量が大きいほど分子の長さは長い．

　実際のプラスチックは低分子量ポリマーから高分子量ポリマーまで分布しているので、正確には平均分子量と表現する。また、ポリマーは線状配列だけではなく、枝分かれした構造（分岐構造）、ポリマー間に橋が架かった構造（架橋構造）などがあり複雑である。

ポイント **2-6　分子量と成形材料**

　強度および溶融粘度の関係を**図 2.8** に示す。図に示すように強度は限界分子量以下では急激に低下するが、限界分子量を超えるとゆるやかに高くなる傾向がある（➡ Q2・3）。成形材料の分子量は成形時の分子量低下を考慮して限界分子量よりかなり高い分子量に設定されている。

　一方、分子量が高くなると溶融粘度は大きくなりやがて非熱溶融になる。溶融粘度は流動抵抗の大きさを表す特性値であるので、溶融粘度が大きいほど流動性は悪くなる。成形材料は強度と成形性の兼ね合いから低粘度、中粘度、高粘度タイプなどの品種がある。

　射出成形では流動性がよいことが求められるので、低粘度材料または中粘度材料が主に使用される。

　押出成形、ブロー成形、真空成形では溶融張力が大きいと自重だれ（ドロウダウン）が少ないので成形が容易になる。そのため主に高粘度材料（高分子量

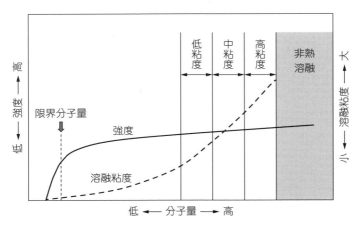

図 2.8　分子量と強度および溶融粘度の概念図

材料）が使用される．

　さらに超高分子量になると非熱溶融になるので，特殊な成形法（溶液キャスティング法，焼結成形法など）で加工される．

2-7　結晶性プラスチック

　結晶性プラスチックは結晶化した部分（結晶相）と結晶化していない部分（非晶相）からなるプラスチックである．半結晶性プラスチックと表現することもある．

　結晶相ではポリマー間が近接しているので，ポリマー間結合エネルギー（ファン・デル・ワールス結合エネルギー）が大きい（➡ Q1·2）．結晶性プラスチックは強固に結合した結晶相が存在するため強度が高い．

　図2.9に示すように結晶性プラスチックは溶融状態から冷却する過程で結晶相を形成して固化を開始する．しかし，絡み合っている分子鎖は結晶相に入り込めないので非晶相となる．

　結晶性プラスチックは結晶が融解すると溶融状態になるが，融解するときに熱を吸収し熱運動が活発になるため体積は急に膨張する．逆に，冷却過程では結晶化によって系外に熱を放出しつつ大きな体積収縮を示す．また，冷却過程における結晶の生成には冷却速度が関係する．冷却速度が速いと結晶が十分生成する前に固化するため，結晶相の比率（結晶化度）が低くなる．

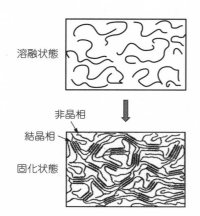

溶融状態

非晶相
結晶相
固化状態

図2.9　結晶性プラスチックの
概念図

ポイント 2-8　非晶性プラスチック

　非晶性プラスチックはポリマーが不規則に配列（ランダム配列）しているプラスチックである．非結晶性プラスチックまたは無定形プラスチックと表現することもある．

　図2.10に示すように非晶性プラスチックは剛直な分子鎖またはかさ張った分子鎖を有するため，溶融状態から冷却する過程で規則的な分子配列をとりにくい（→Q1·2）．そのため，固化状態においてもランダムな配列になる．

　したがって，結晶性プラスチックと比較すると，加熱または冷却過程では，体積膨張または収縮の挙動は比較的なだらかな変化を示す．また，ガラス転移温度以下になると固化を開始する．

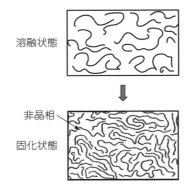

溶融状態

非晶相

固化状態

図2.10　非晶性プラスチックの概念図

ポイント 2-9　結晶性プラスチックおよび非晶性プラスチックの種類

　広く使用されているプラスチックを結晶性と非晶性に分類した表を**表2.1**に示す．表では，耐熱性の点から汎用プラスチック，汎用エンジニアリングプラスチック，スーパーエンジニアリングプラスチック（スーパーエンプラ）の分類も示している．

表2.1 非晶性プラスチックと結晶性プラスチックの種類

	非晶性プラスチック（ISO略語）	結晶性プラスチック（ISO略語）
汎用プラスチック （〜100℃）	ポリ塩化ビニル（PVC） ポリスチレン（PS） AS樹脂（SAN） ABS樹脂（ABS） メタクリル樹脂（PMMA）	ポリエチレン（PE） ポリプロピレン（PP）
汎用エンジニアリングプラスチック （100℃〜150℃）	ポリカーボネート（PC） 変性ポリフェニレンエーテル（mPPE）	ポリアミド6（PA6） ポリアミド66（PA66） ポリアセタール（POM） ポリブチレンテレフタレート（PBT） ポリエチレンテレフタレート（PET）
スーパーエンプラ （150℃〜）	ポリアリレート（PAR） ポリスルホン（PSU） ポリエーテルスルホン（PES） ポリアミドイミド（PAI） ポリエーテルイミド（PEI）	ポリフェニレンスルフィド（PPS） ポリエーテルエーテルケトン（PEEK） 液晶ポリマー（LCP） ポリイミド（PI）* フッ素樹脂（PFA）

* 結晶性プラスチックではあるが，結晶化速度が遅いため非晶性プラスチックに分類することもある.

ポイント 2-10　転移温度

　密度，比容積，比熱，線膨張係数などの物理的特性値が急に変化する温度を転移温度という．転移温度はポリマーの熱運動に関係しているので，分子構造によって固有の転移温度を示す．主な転移温度にはガラス転移温度と結晶融点がある．

ポイント 2-11　ガラス転移温度

　ガラス転移温度とは，ポリマーの相対的な位置は変化しないが，熱運動（ミクロブラウン運動）が急に活発になる温度である（➡ Q2·6）．ガラス転移点ということもある．

　非晶性プラスチックのガラス転移温度には次の特性がある．

① 冷却過程ではガラス転移温度以下になると固化を開始する.

② 強度・弾性率は温度上昇とともに徐々に低下するが, ガラス転移温度を超えると急激に低下する.

結晶性プラスチックのガラス転移温度には次の特性がある.

① ガラス転移温度までは強度・弾性率の低下は少ないが, ガラス転移温度を超えると非晶相の熱運動が活発になるので, 温度上昇に伴って強度・弾性率低下が顕著になる.

② ガラス転移温度以下になると脆性破壊しやすくなるプラスチックもある.

ポイント 2-12　結晶融点および結晶化温度

結晶融点は結晶相が融解する温度である（➡ Q2・7）. 結晶が融解するときには系外から熱を吸収して溶融する. つまり, 溶融させるには融解熱に相当する熱量を与えなければならない.

結晶化温度は溶融状態から冷却するときに結晶が生成する温度である（➡ Q2・7）. 結晶化するときには, 融解熱に相当する熱量を系外に放出して結晶化する.

結晶化では, まず結晶核を生成してから結晶が成長するため, 結晶化温度は結晶融点より低い温度になる性質がある.

ポイント 2-13　プラスチックの分解

ポリマーの共有結合は非常に強い結合であるが, 条件によっては分解することがある. 分解のしやすさはポリマー分子鎖の構造によって決まる. また, ポリマーの分解反応は温度と時間に依存する. 温度が高ければ短時間で分解するが, 温度が低くても長時間経過すると分解するので注意しなければならない.

ポリマーの共有結合は, 一般的に次の条件で分解する.

① 熱, 紫外線, 放射線など大きなエネルギーが作用すると物理的作用で分解する.

② 次の化学的作用によって分解する.

　　(a) PC, PBT, PET, PAR などエステル結合を有するプラスチックは高

表2.2 プラスチックの分解要因と使用条件

	要因	対象プラスチック	分解機構	使用条件
物理的分解	熱分解	全プラスチック	熱と酸素の共同作用による分解	・成形時の熱分解 ・高温，長時間後の熱劣化
	紫外線分解	全プラスチック	紫外線エネルギーによる分解	・屋外使用での劣化 ・蛍光灯，水銀灯，窓越し太陽光線などによる劣化
	放射線分解	全プラスチック	X線，γ線などによる分解	・医療器具・機器の放射線照射による劣化
化学的分解	加水分解	PC，PBT，PET，PAR，LCP	エステル結合鎖が水分によって分解	・予備乾燥不足による加水分解 ・高温水蒸気，高温水，アルカリ水溶液中での加水分解劣化
	酸化分解	全プラスチック	強酸性薬液による酸化作用	・酸性薬液中での酸化分解

　　　温水，高温水蒸気，アルカリ水溶液中で加水分解する．

　（b）強酸性薬液中では酸化分解する．高温下では分解は顕著になる．

　表2.2に分解機構と使用条件との関係を示す．

ポイント **2-14** **分解による強度低下**

分解すると分子量が低下する．分子量低下が進むと次の理由で強度低下する．

① ポリマー末端数の増加

② ポリマー間の絡み合い数の減少

Q 2・1 応力緩和はどのような原理で起きますか？

　図 2.11 は応力緩和を表す 3 要素粘弾性モデルである．一定ひずみ ε を与えるとスプリング S_1 とスプリング S_2 には弾性ひずみによる応力（初期応力）が発生する．しかし，時間が経つとダッシュポット D は粘性ひずみが生じるためスプリング S_2 の弾性ひずみは小さくなる．その結果，初期応力は徐々に減少する．粘弾性理論によれば，ひずみと時間経過後の応力は次式で表すことができる．

$$\sigma_t = \varepsilon \left(E_2 e^{-t/\tau} + E_1 \right) \tag{2.7}$$

ここで，σ_t は t 時間後の応力，ε はひずみ，E_1 はスプリング S_1 のヤング率，E_2 はスプリング S_2 のヤング率，τ は緩和時間である．

　緩和時間 τ が短いほど緩和しやすいことを表す．τ は温度が高いほど短くなる．したがって，応力緩和は時間と温度に依存する．

　上式の関係を図に表すと**図 2.12** のとおりである．この図が応力緩和曲線である．

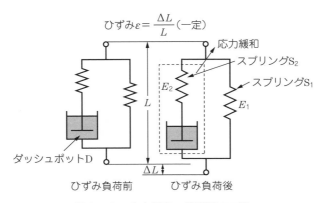

図 2.11　応力緩和の粘弾性モデル

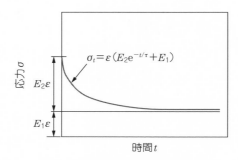

図 2.12　応力緩和曲線

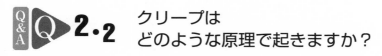

クリープは どのような原理で起きますか？

図 2.13 はクリープの 3 要素粘弾性モデルである．応力を負荷するとスプリング S_1 には瞬間的に弾性ひずみが生じるが，スプリング S_2 はダッシュポット D の粘性抵抗があるためひずみの増加は抑制される．しかし，時間が経過すると，D の粘性ひずみが生じるため全ひずみ（弾性ひずみ＋粘性ひずみ）は増大する．D の粘性ひずみが大きくなるにつれてスプリング S_2 の弾性ひずみが抵抗として働くため，全クリープひずみの増加率は徐々に小さくなり横軸に平行に

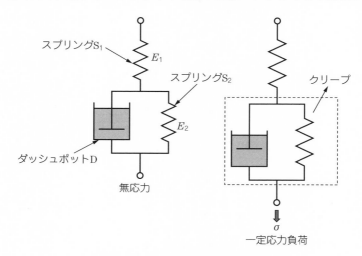

図 2.13　クリープの粘弾性モデル

なる．このように横軸に平行になるときの全ひずみがクリープ限度ひずみである．

　粘弾性理論によれば時間経過後の全クリープひずみは次式で表される．

$$\varepsilon_t = (\sigma/E_1) + (\sigma/E_2)(1 - \mathrm{e}^{-t/\lambda}) \tag{2.8}$$

ここで，ε_t は t 時間後の全クリープひずみ，σ は応力，E_1 はスプリング S_1 のヤング率，E_2 はスプリング S_2 のヤング率，λ は遅延時間である．

　ここで，応力 σ が大きく遅延時間 λ は短いほどクリープ速度が速くなる．λ は温度が高いほど短くなる．したがって，クリープは時間と温度に依存する．クリープ曲線を**図 2.14** に示す．

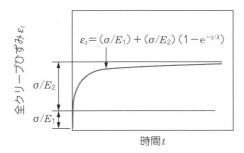

図 2.14　クリープ曲線

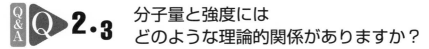

理論的には分子量 $\overline{M}$ と破壊強度 σ_B には次の関係がある[1]．

$$\sigma_\mathrm{B} = A - \frac{B}{\overline{M}} \tag{2.9}$$

ここで，σ_B は破壊強度，$\overline{M}$ は数平均分子量，A, B は定数である．

　この関係を**図 2.15** に示す．急に強度が低下する分子量を限界分子量（または臨界分子量）とよぶ．限界分子量を超えると強度は徐々に高くなり一定値 A に近づく．

　プラスチックは分子末端が破壊の起点（欠陥部）になって破壊するので，本式は分子末端数を示す代用特性として数平均分子量を用い，それと強度の関係を理論的に導いた式と推定される．

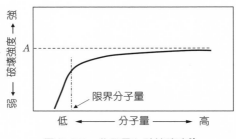

図2.15 分子量と破壊強度[1)]

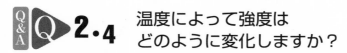

非晶性プラスチックと結晶性プラスチックの引張強度–温度特性を図2.16に示す.

非晶性プラスチックは温度の上昇に伴って強度は徐々に低下し，ガラス転移温度を超えると急に低下する．したがって，ガラス転移温度が高いプラスチックほど高温まで強度を保持できる．

結晶性プラスチックはガラス転移温度までは強度の低下はゆるやかである．ガラス転移温度を超えると非晶相の熱運動が活発化するため強度は大きく低下

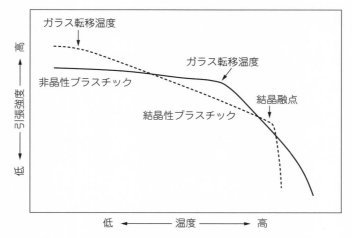

図2.16 引張強度の温度特性概念図

表2.3　各種プラスチックのガラス転移温度および結晶融点

分類	プラスチック名	ガラス転移温度（℃）	結晶融点（℃）
非晶性 プラスチック	ポリスチレン	90	―
	ポリ塩化ビニル	70	―
	メタクリル樹脂	100	―
	ポリカーボネート	145	―
	ポリスルホン	190	―
結晶性 プラスチック	ポリエチレン	−125	141
	ポリプロピレン	0	180
	ポリアミド6	50	225
	ポリアセタール	−50	180
	ポリフェニレンスルフィド	88	290

するが，結晶融点まではある程度の強度を保持している．結晶融点を超えると溶融状態になる．したがって，結晶融点が高いプラスチックほど高温まで強度を保持できる．

表2.3に各種プラスチックのガラス転移温度と結晶融点を示す．

Q 2・5　結晶化はどのように起きますか？

図2.17はポリマーの溶融状態と結晶状態を示している[2]．溶融状態では分子鎖はランダムコイルの形態をとっており，互いに入り組んだ絡み合いを多数形

溶融状態

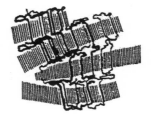

結晶状態

図2.17　溶融状態と結晶状態[2]

成している．このような溶融体が冷却過程で結晶化する場合，分子鎖は絡み合い点をすりぬけて結晶化することができないため，鎖全体としてはほとんど動かずに部分的に結晶化が進む．その際，絡み合い点は結晶中には入ることができないので，結晶表面に押し出され非晶相を形成する．結晶相を構成する球晶は螺旋転移によって生じた多層ラメラが中心となって発達したものといわれる．ポリマーは多分子性のため1次結晶と2次結晶を伴いながら球晶は成長し，結晶相を形成する．

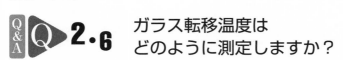

2・6 ガラス転移温度はどのように測定しますか？

JIS K 7121 では示差熱分析計（DTA）または示差走査熱量計（DSC）で測定する方法が記載されている．ここでは，DSC法について述べる．

DSC法は試料および基準物質を加熱または冷却によって調節しながら，等しい条件下におき，この2つの間の温度差をゼロに保つのに必要なエネルギーを時間または温度に対して記録する方法である．

ガラス転移温度を求めるには，あらかじめ転移温度より約50℃低い温度で装置が安定するまで保持した後，加熱速度毎分20℃で転移終了時より約30℃高い温度まで加熱し，DSC曲線を描く．得られたDSC曲線から，図2.18 のように中間点ガラス転移温度 T_{mg}，補外ガラス転移開始温度 T_{ig}，補外ガラス転移終了温度 T_{eg} の3温度を求める．一般的には T_{mg} をガラス転移温度としている．

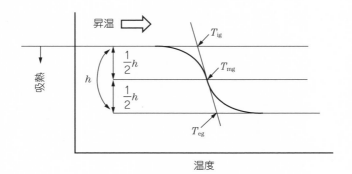

図 2.18　DSC によるガラス転移温度の求め方

Q2・7 結晶融点，結晶化温度はどのように測定しますか？

JIS K 7121 では，DTA または DSC による測定法が規定されている．ここでは，DSC 法について述べる．

結晶融点を測定するには，あらかじめ融解温度より 100 ℃ 低い温度で装置が安定するまで保持した後，加熱速度毎分 10 ℃ で融解ピーク終了時より約 30 ℃ 高い温度まで加熱し，DSC 曲線を描く．図 2.19 に示すように，DSC 曲線から融解ピーク温度 T_{pm}，補外融解開始温度 T_{im}，補外融解終了温度 T_{em} の 3 温度を求める．一般的には T_{pm} を結晶融点としている．

結晶化温度を求めるには，融解ピーク終了温度より約 30 ℃ 高い温度まで加熱し，この温度で 10 分間保った後，冷却速度毎分 5 ℃ または毎分 10 ℃ で結晶化ピーク終了時より約 50 ℃ 低い温度まで冷却し，DSC 曲線を描く．得られた DSC 曲線から，図 2.20 のように，結晶化ピーク温度 T_{pc}，補外結晶化開始温度 T_{ic}，補外結晶化終了温度 T_{ec} の 3 温度を求める．一般的には T_{pc} を結晶化温度としている．

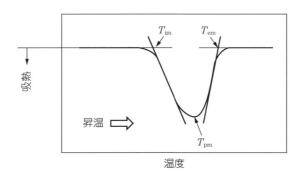

図 2.19　DSC による結晶融点の求め方

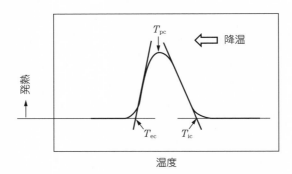

図 2.20 DSC による結晶化温度の求め方

引用文献

1) L. E. Nielsen 著，小野木重治訳，高分子の力学的性質，p. 111，化学同人（1965）
2) 高強度高分子材料調査研究会編，高強度高分子材料に関する調査研究報告書，p. 103
（1987）

3

活用時に役立つ 力学的性質とは

ポイント 3-1 応力とひずみ

図3.1に示すようにプラスチック製品に力を加えると製品内部には応力が発生する．また，力を加えて変形すると製品内部にはひずみが発生する．製品は応力やひずみに耐えられなくなると破壊するので，製品設計では応力やひずみが破壊を引き起こさないレベルに設計しなければならない．

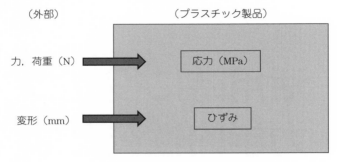

（外部）　　　　　　　　　　（プラスチック製品）

力，荷重（N）→　　　　応力（MPa）

変形（mm）→　　　　ひずみ

図3.1　応力とひずみ

ポイント 3-2 プラスチックの引張応力・ひずみ特性

図3.2に示すように試験片に加えた引張荷重 F から引張応力を，荷重により変形した長さ $(L-L_0)$ から引張ひずみを求める（➡ Q3・1）．

金属材料のような弾性体では，次式に示すフックの法則が成り立つので，引張応力と引張ひずみは比例関係にある．

$$\sigma = E \times \varepsilon \qquad (3.1)$$

ここで，σ は引張応力，E は引張弾性率，ε は引張ひずみ（弾性ひずみ）である．

プラスチックは引っ張った瞬間には弾性ひずみが生じるが，引っ張っている間に時間が経過するとポリマー間のずれによる粘性ひずみが生じる．したがって，全ひずみは次式で表される．

$$\varepsilon = \varepsilon_r + \varepsilon_t \qquad (3.2)$$

ここで，ε は全ひずみ，ε_r は弾性ひずみ，ε_t は粘性ひずみである．

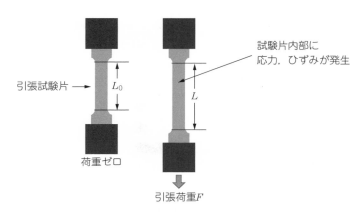

図 3.2　引張試験片の荷重と変形

　上式において，粘性ひずみ ε_t は引っ張った瞬間にはゼロであるが，時間が経つと増加する特性がある．そのため，**図 3.3** に示すように応力とひずみは比例しなくなる．

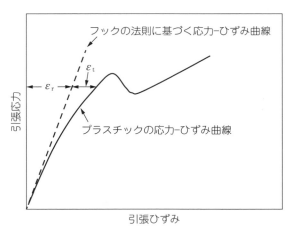

図 3.3　プラスチックの引張応力-ひずみ曲線

ポイント 3-3　応力-ひずみ曲線と強度特性

　応力（S：stress）-ひずみ（S：strain）曲線（S-S 曲線）は次の特性を表している．

① 縦軸（応力）は強度（strength）を表し，大きいと「強い」，小さいと「弱い」ことを表す.

② 横軸（ひずみ）は靭性（toughness）を表し，大きいと「粘り強い」，小さいと「脆い」ことを表す.

③ 原点からの勾配は硬さ（stiffness）を表し，大きいと「硬い」，小さいと「軟らかい」ことを表す.

したがって，図3.4に示すようにS-S曲線のパターンから材料の強度特性を読み解くことができる.

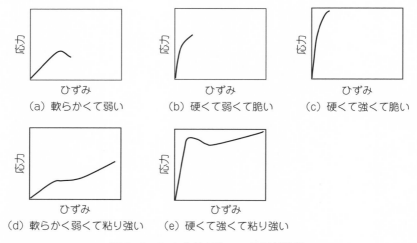

図3.4　S-S曲線パターンと材料特性

ポイント 3-4　曲げ強度

図3.5のように，試験片に曲げ荷重を加えると，中立軸より上側では圧縮応力が発生し，下側では引張応力が発生する．それぞれの表面で最大応力が発生する．プラスチックは圧縮応力より引張応力に弱いので，最大引張応力が発生する試験片下面から降伏または破壊する．降伏または破壊するときの最大引張応力が曲げ降伏強度または曲げ破壊強度である.

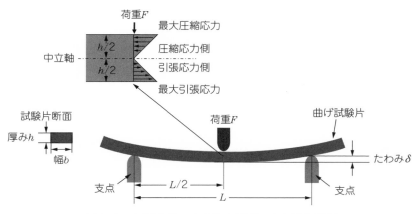

図3.5　両端支持，中央集中荷重の応力発生状態

ポイント 3-5　衝撃強度と引張強度の違い

　各種衝撃試験と引張試験におけるひずみ速度（➡ Q3·2）を表3.1に示す．表からわかるように，引張試験より衝撃試験のほうがひずみ速度ははるかに速いことがわかる．

　通常の衝撃試験では，引張試験のように応力（MPa）とひずみを測定することは困難であるので，破壊するまでに吸収したエネルギー（J）の大きさで評価する．一般的には，衝撃吸収エネルギーが大きいほど衝撃強度が高いと表現する．

表3.1　各種試験法とひずみ速度

試験法	ひずみ速度（%/min）
引張試験	$1 \sim 10^2$
シャルピー衝撃試験	$10^7 \sim 10^8$
アイゾット衝撃試験	$10^7 \sim 10^8$
パンクチュア衝撃試験	$10^4 \sim 10^5$

ポイント 3-6　衝撃強度データの活用

　JIS 規格に基づいた衝撃強度は試験片固有の値であるので，衝撃値と表現するのが一般的である．衝撃値は製品の設計値には利用できない．多くの材料の中から候補材料を選択するときの比較データとして活用する．

　ただし，衝撃値の分子量，肉厚，コーナアール，温度などの依存性は材料によって特性が異なるので，それらの特性を考慮して製品設計するには有効なデータである（➡ Q3·10）．

ポイント 3-7　材料，設計，使用条件と衝撃強度

　材料によって違いはあるが，表3.2に示すように材料，設計，使用条件などの要因によって衝撃強度は変化する．

表3.2　各種要因の衝撃強度への影響

項目	要因	衝撃強度への影響*
材料	分子量	高分子量＞低分子量
	結晶化度	高結晶化度＜低結晶化度
設計	コーナアール	アール大＞アール小
	肉厚	厚肉＜薄肉
	ひずみ速度	高ひずみ速度＜低ひずみ速度
使用条件	温度	低温＜高温
	熱劣化	劣化有＜劣化無
	紫外線劣化	劣化有＜劣化無

* 衝撃強度：高＞低

ポイント 3-8　クリープひずみ特性

　図3.6に示すようにクリープひずみは短時間側では急激に増大し，長時間側

では次第にゆるやかになり，やがて横軸に平行になる．平行になるときのひず
みがクリープ限度ひずみである．

① 負荷応力が大きいほどクリープひずみの増加速度は速くなり，クリープ
限度ひずみも大きくなる．

② 温度が高いほどクリープひずみの増加速度は速くなり，クリープ限度ひ
ずみも大きくなる．

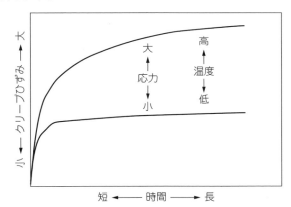

図3.6　クリープひずみ特性

ポイント 3-9　クリープ破壊特性

　一定の応力を負荷して時間が経過するとクラックが発生して破断する．この
現象をクリープ破壊またはクリープ破断，クリープラプチャ（creep rupture）
などという．

　図3.7に示すように，縦軸に負荷応力，横軸に破壊するまでの時間（対数）
をとると負の勾配の直線になる．負荷応力や温度については次の傾向がある．

① 負荷応力が大きいほど，短時間でクリープ破壊する．

② 温度が高いほど，クリープ破壊応力は低くなる．

　高応力下では延性破壊することもあるが，一般的にはクリープ破壊は脆性破
壊であるので破壊するまでの時間にはばらつきがあることを留意すべきである．

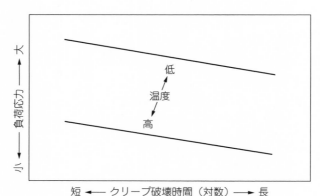

図3.7　クリープ破壊特性

ポイント 3-10　疲労破壊現象

　繰り返し応力を負荷すると，ある繰り返し数に達するとクラックが発生し，応力の繰り返しによってクラックが進展して破壊に至る．これが疲労破壊現象である．繰り返し応力が大きくなるほど破壊するまでの繰り返し数は少なくなる．

ポイント 3-11　プラスチックの疲労特性

　一般的に，疲労特性は縦軸に負荷応力（S：stress）を，横軸に繰り返し数（N：number）をとってS–N曲線で表す．

　プラスチックのS–N曲線は次の特徴がある．

① 　金属材料では疲労限度を示すが，プラスチックでは疲労限度を示さず繰り返し数とともに疲労破壊応力は低くなる傾向がある（**図3.8**）．プラスチックは10^7の疲労破壊応力を疲労限度応力としている．

② 　繰り返し周波数が高くなると，分子摩擦によって自己発熱して温度上昇するため熱疲労破壊しやすくなる．とくに，プラスチックは熱伝導率が低いので蓄熱しやすい特性がある．

③ 　一般的に結晶性プラスチックは疲労強度が高いが，非晶性プラスチックは低い（**図3.9**）．

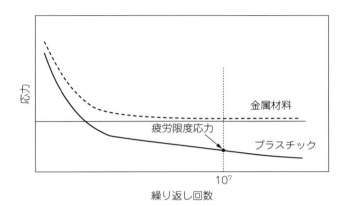

図 3.8　金属とプラスチックの疲労曲線（S-N 曲線）

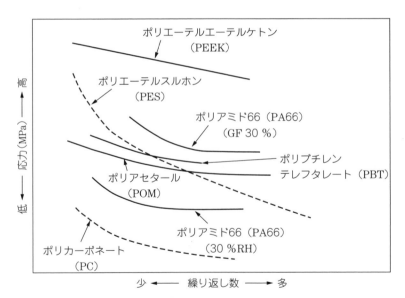

図 3.9　各種プラスチックの疲労曲線[1]

結晶性プラスチック：PEEK, PA66, PBT, POM
非晶性プラスチック：PES, PC

Q&A Q 3.1　引張強度はどのように測定しますか？

　引張試験法は JIS K 7161 に規定されている．図 3.2 に示したようにダンベル形試験片を用いて測定する．試験片の平行部（標線間）の初期長さ L_0 が長さ L に変形したときの引張荷重 F を測定する．

（1）引張強度

　次式で求める．

$$\sigma = \frac{F}{S} \tag{3.3}$$

ここで，σ は引張応力（MPa），F は荷重（N），S は試験片平行部の初期断面積（mm^2）である．

　降伏するときの応力を降伏強度，破断するときの応力を破断強度とする．

（2）引張ひずみ

　次式で表される．

$$\varepsilon = \frac{L - L_0}{L_0} \tag{3.4}$$

ここで，ε は全引張ひずみ（無次元，百分率で表すこともある），L_0 は荷重を加える前の平行部長さ（mm），L は変形後の長さ（mm）である．

　降伏するときのひずみを降伏ひずみ，破断するときのひずみを破断ひずみとする．

（3）引張弾性率（ヤング率，縦弾性係数）

　基本的には応力–ひずみ曲線の原点における接線の勾配であるが，プラスチックはフックの弾性限度範囲が狭いため，図 3.10 に示すように微小ひずみにおける 2 点間を結ぶ直線の勾配として求める．

$$E = \frac{\sigma_2 - \sigma_1}{\varepsilon_2 - \varepsilon_1} \tag{3.5}$$

ここで，E は引張弾性率（MPa），σ_1 はひずみ $\varepsilon_1 = 0.0005$ において測定された引張応力，σ_2 はひずみ $\varepsilon_2 = 0.0025$ において測定された引張応力である．

　微小ひずみは試験片にひずみゲージを貼り付けて計測する．

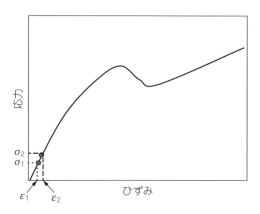

図 3.10　引張弾性率の求め方

Q 3.2　ひずみ速度とは何ですか？

　ひずみ速度とは，ひずみが増加する速度である．例えば，引張試験ではひずみは次式で表される．

$$\varepsilon = \frac{L - L_0}{L_0} \tag{3.6}$$

ここで，ε はひずみ，L_0 は変形前の平行部長さ（mm），L は変形後の平行部長さ（mm）である．

　したがって，式(3.6)からひずみ速度は次式になる．

$$\frac{d\varepsilon}{dt} = \left(\frac{1}{L_0}\right) \cdot \frac{d\delta}{dt} \tag{3.7}$$

ここで，$\frac{d\varepsilon}{dt}$ はひずみ速度（1/min），$\frac{d\delta}{dt}$ は引張速度（mm/min），L_0 は変形前平行部長さ（mm），δ は平行部の変形量（$L - L_0$）である．

　式(3.7)から，引張速度 $\frac{d\delta}{dt}$ が同じでも，変形前平行部長さ L_0 が短いほどひずみ速度 $\frac{d\delta}{dt}$ は速くなることがわかる．プラスチックは，ひずみ速度が速くなるとポリマー間のずれが追随できなくなるので脆性破壊しやすい性質がある．

Q&A 3·3 引張強度には どのような特性がありますか？

図3.11に引張の応力–ひずみ曲線を示す．ひずみが増大して上降伏点に達すると
ネッキングを起こして応力は減少して下降伏点に達する．下降伏点を過ぎると応力は徐々に増大し破断点に達した後に破壊する．一方，脆い材料では上降伏点に達する前に脆性破壊する．

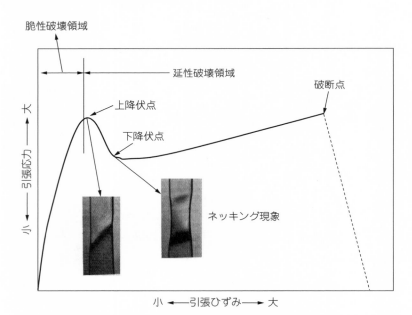

図3.11　プラスチックの引張応力–ひずみ曲線

また，図3.12に示すように引張特性は温度やひずみ速度によって次のように変化する．

① 温度が低いと硬くて強いが脆くなり，高いと軟らかくて弱いが粘り強くなる．

② ひずみ速度が速いと硬くて強いが脆くなり，遅いと軟らかくて弱いが粘り強くなる．

これは，温度が低いまたはひずみ速度が速いと，ポリマー間のずれが追随で

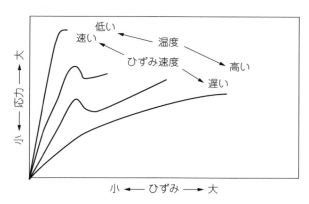

図 3.12 温度，ひずみ速度と応力-ひずみ曲線

きないので弾性ひずみが支配的になり，逆に温度が高いまたはひずみ速度が遅いと，ポリマー間がずれやすくなるので粘性ひずみが支配的になるためと考えられる．

**3.4 ポアソン比はどのように測定しますか？**

ポアソン比の測定原理は次のとおりである．等方向性試験片について，**図 3.13** に示すように矢印の方向に引張力を加えて変形させたときの縦ひずみと横ひずみは次式で示される．

$$\varepsilon = \frac{\Delta L}{L} \qquad \varepsilon_n = \frac{\Delta D}{D} \qquad (3.8)$$

ここで，ε は縦ひずみ，ε_n は横ひずみである．

ポアソン比 ν は次式で表される．

$$\nu = \frac{\varepsilon_n}{\varepsilon} \qquad (3.9)$$

ポアソン比は縦方向に力または変形を加えて縦ひずみを発生させると横方向に横ひずみが発生することを意味するので，強度設計データにはポアソン比が必要になる．

プラスチックと他材料のポアソン比を**表3.3**に示す．プラスチックのポアソン比は 0.5 より小さいので，引張ひずみを受けると体積膨張する性質がある．

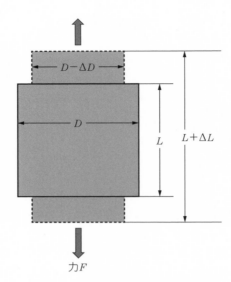

図3.13　ポアソン比の測定概念図

表3.3　各種材料のポアソン比

材料	ポアソン比	材料	ポアソン比
PS	0.33	アルミニウム	0.33
PMMA	0.33	銅	0.35
PC	0.38	鋳鉄	0.27
PE	0.38	軟鉄	0.28
ゴム	0.49	ガラス	0.23

ゴムは 0.49 であり，ほとんど体積は変化しない．

 Q 3.5 圧縮強度はどのように測定しますか？

　圧縮試験法は JIS K 7181 に規定されている．角柱，円柱，管形状などの試験片を用いる．圧縮試験の様子を**図3.14**に示す．

　圧縮応力は，次式で求める．

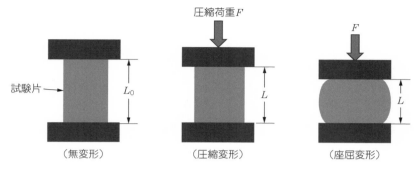

図 3.14　圧縮荷重と変形

$$\sigma = \frac{F}{S} \tag{3.10}$$

ここで，σ は圧縮応力（MPa），F は圧縮荷重（N），S は圧縮前の断面積（mm²）である．

　　圧縮ひずみは次式で求める．

$$\varepsilon = \frac{L_0 - L}{L_0} \tag{3.11}$$

ここで，L_0 は試験片の初めの長さ（mm），L は圧縮変形後の長さ（mm）である．

　　一般的に圧縮試験では荷重を大きくしても破壊しないので，座屈する応力を圧縮強度とする場合や一定のひずみに達したときの圧縮応力，例えば，圧縮ひずみ 1 ％や 5 ％などの圧縮応力を圧縮強度とすることもある．

　　圧縮弾性率は，引張弾性率と同様に 2 点の微小ひずみに対応する応力を結ぶ直線の勾配から求める．

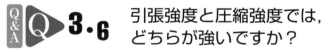 引張強度と圧縮強度では，どちらが強いですか？

　　引張と圧縮の S–S 曲線を図 3.15 に示す．圧縮 S–S 曲線では座屈するひずみ値までは引張 S–S 曲線とほぼ同じ曲線になるが，座屈したあとはひずみが増大するとともに圧縮応力のほうが大きくなる特性を示す．引張応力では延性または脆性破壊するが圧縮応力では座屈変形し破壊しにくい．プラスチック製品の強度設計では圧縮応力が発生するように設計するのが安全である．

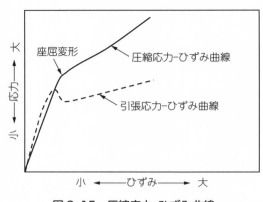

図 3.15　圧縮応力-ひずみ曲線

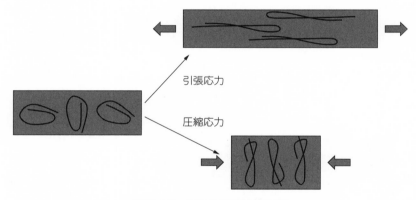

図 3.16　引張と圧縮の概念図

　図 3.16 に示すように，引張応力ではポリマー間が離れるように変形するのに対し，圧縮応力ではポリマー同士が押し付けられて近接するので圧縮強度のほうが高くなると推定される．

Q&A Q▶**3.7**　曲げ強度はどのように測定しますか？

　図 3.5 に示したように両端支持梁で支点間の中央部に荷重を加えると，厚み方向の中立軸から上側では圧縮応力が発生し，下側では引張応力が発生する．中立軸では応力はゼロで，上側では圧縮応力が，下側では引張応力が発生し，

それぞれの応力は試験片表面で最大になる．プラスチックは試験片下面に発生する最大引張応力によって降伏または破断する．プラスチックの曲げ破壊は引張応力側から起こるので，降伏するときの最大引張応力を曲げ降伏強度と，破壊するときの最大引張応力を曲げ破壊強度としている．

曲げ試験法は JIS K 7171 に規定されている．

（1）曲げ降伏強度，曲げ破壊強度

降伏または破壊する荷重 F を測定し，次式によって応力を求める．

$$\sigma_{\max} = \frac{3FL}{2bh^2} \tag{3.12}$$

ここで，$\sigma_{\max}$ は降伏または破壊する最大引張応力（MPa），F は降伏または破壊荷重（N），L は支点間距離（mm），b は試験片幅（mm），h は試験片厚み（mm）である．

（2）曲げひずみ

降伏または破断するときのたわみを測定し，次式によってひずみを求める．

$$\varepsilon = \frac{6h\delta}{L^2} \tag{3.13}$$

ここで，ε は降伏ひずみまたは破壊ひずみ，h は試験片厚み（mm），δ は降伏または破壊するときのたわみ（mm），L は支点間距離（mm）である．

（3）曲げ弾性率

基本的には S-S 曲線の原点における接線の勾配であるが，フックの弾性限度ひずみ範囲が狭いため，引張弾性率と同様に S-S 曲線の 2 点間を結ぶ直線の勾配から次式により求める．

$$E = \frac{\sigma_2 - \sigma_1}{\varepsilon_2 - \varepsilon_1} \tag{3.14}$$

ここで，E は曲げ弾性率（MPa），σ_1 はひずみ $\varepsilon_1 = 0.0005$ において測定された引張応力（MPa），σ_2 はひずみ $\varepsilon_2 = 0.0025$ において測定された引張応力（MPa）である．

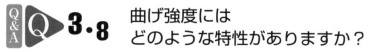

3・8　曲げ強度にはどのような特性がありますか？

曲げ強度も引張応力による降伏応力または破壊応力であるから，基本的には

引張強度特性と同じである．しかし，曲げ強度は式(3.12)に示した材料力学の計算式を用いて計算している．材料力学では**図3.17**(a)に示すように，荷重を与えたときのたわみは曲率円を描きながら，たわみが大きくなるに従って曲率半径が小さくなることを前提に導かれた式である．しかし，プラスチックはたわみが大きくなるにつれて，図(b)に示すように曲率円から外れた変形形態を示すようになる．降伏または破壊時には曲率円に従わない変形を示すため材料力学の計算式(3.12)を適用することはできないが，JIS規格では同式を用いて計算することになっている．ちなみに，各種プラスチックについて引張強度と曲げ強度の比較をした**表3.4**からわかるように，曲げ強度も引張応力による降伏または破壊であるにもかかわらず，引張強度に比較して曲げ強度は30 MPa～40 MPaほど大きな値になっている．一方，曲げ弾性率はフックの弾性限度内の微小ひずみの範囲で測定しているので，引張弾性率とほぼ同じ値になっている．

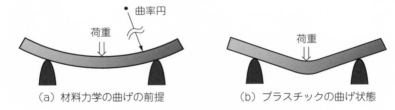

（a）材料力学の曲げの前提　　　　（b）プラスチックの曲げ状態

図3.17　プラスチックの曲げ変形状態

表3.4　引張と曲げの強度および弾性率比較

樹脂	引張強度 (MPa)	曲げ強度 (MPa)	引張弾性率 (MPa)	曲げ弾性率 (MPa)
PC	61	93	2,400	2,300
変性 PPE	55	95	2,500	2,500
PA6 (絶乾)	80	111	3,100	2,900
POM	64	90	2,900	2,600

使用材料：非強化標準グレード
試験法：引張特性 JIS K 7161-1994
　　　　曲げ特性 JIS K 7171-1994

Q 3.9 衝撃強度はどのように測定しますか？

　衝撃強度は試験片が破壊するまでに吸収したエネルギーの大きさで表され，単位は J である．JIS ではシャルピー衝撃試験（K 7111），アイゾット衝撃試験（K 7110），引張衝撃試験（K 7160），パンクチャー衝撃試験（K 7211）などの試験法が規定されている．ここでは，代表的な衝撃試験法であるシャルピー衝撃試験法について説明する．

　図 3.18 にシャルピー衝撃試験装置と試験片の取り付け方を，**図 3.19** に試験片の概略形状を示す．試験片はノッチ有とノッチ無がある．ノッチ有の標準ノッ

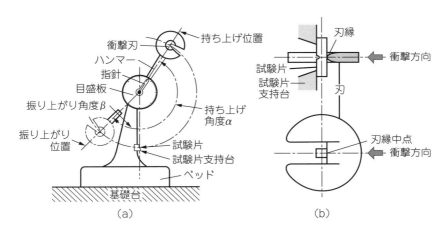

図 3.18　シャルピー衝撃試験装置の概略図[2)]

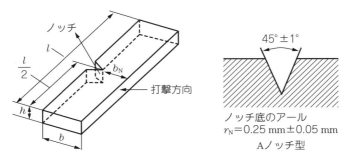

図 3.19　シャルピー衝撃試験片の形状（ノッチ有の例）

チ底アールは 0.25 mmR となっている.

　試験法は, 試験片を測定装置にセットし, 衝撃ハンマーを持ち上げ角度 α まで持ち上げた後, ハンマーを振り下ろす. 試験片を破壊した後の振り上がり角度 β を測定し, 吸収エネルギー E を次式で計算する.

$$E = WR(\cos \alpha - \cos \beta) + L \qquad (3.15)$$

ここで, E は吸収エネルギー (J) {kgf·cm}, WR はハンマーの回転モーメント (N·m) {kgf·cm}, α はハンマーの持ち上げ角度 (°), β は試験片破断後のハンマーの振り上がり角度 (°), L は衝撃試験時のエネルギー損失 (J) {kgf·cm}である. 試験片が破壊しないときは, 破壊せず (NB) と判定する.

　吸収エネルギー E をもとにシャルピー衝撃値 SI は次式で計算する.

$$SI = (E/hb_N) \times 10^3 \qquad (3.16)$$

ここで, SI はシャルピー衝撃値 (kJ/m²), h は試験片厚 (mm), b_N はノッチ付き試験片の残り幅 (mm) である.

Q&A Q 3·10　衝撃値データを製品設計にどのように活かしますか?

　図 3.20 は温度とシャルピー衝撃値の関係を示した概念図である. 一般的にプラスチックは温度が低くなると衝撃値は低くなる特性がある. 材料 A と材料 B ともに室温では高い衝撃値であり両材料にはほとんど差が認められない. し

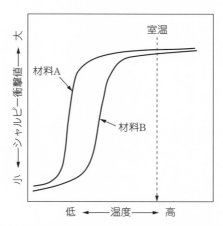

図 3.20　シャルピー衝撃値と温度の関係

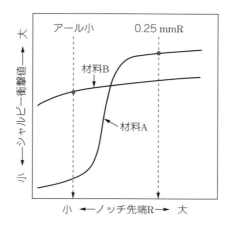

図 3.21　シャルピー衝撃値とノッチ先端 R の関係

かし，低温になると材料 B より材料 A のほうがより低温側まで衝撃値を保持している．したがって，低温における衝撃強度が求められる製品では，材料 A を選定するのがよいことになる．

　図 3.21 はノッチ先端アール（R）とシャルピー衝撃値との関係を示した概念図である．シャルピー衝撃試験規格（JIS K 7111）では，標準のノッチ先端 R は 0.25 mmR となっているので，材料物性表に記載されるシャルピー衝撃値は 0.25 mmR で測定された値である．図において，ノッチ先端 R が 0.25 mmR で比較すると，材料 B より材料 A のほうが高い値になっている．しかし，材料 A はノッチ先端 R が小さくなると衝撃値は急に低下するが，材料 B はそれほど大きく低下しない．したがって，ノッチ先端 R が小さい製品には材料 B のほうが優れていることになる．製品のコーナアールはノッチ先端 R の影響と同じ効果と考えられるので，製品形状の制約でコーナアールを大きく設計できない場合には，コーナアールの影響を受けにくい材料 B が適していることになる．一方，コーナアールを大きく設計できる場合には，材料 A が適していることになる．

　図 3.22 は分子量とシャルピー衝撃値の関係を示した概念図である．衝撃値は分子量が高くなるほど大きくなる傾向がある．耐衝撃性を必要とする製品では，高分子量材料を選定するほうがよいことになる．ただ，射出成形する製品では，分子量が高くなるほど流動性が悪くなるので，製品肉厚が薄いと成形できないこともあるので注意しなければならない．

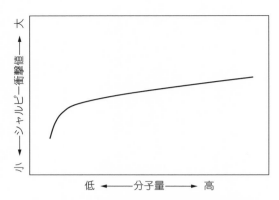

図 3.22 シャルピー衝撃値の分子量依存性

Q&A Q 3·11 クリープひずみ，クリープ破壊強度はどのように測定しますか？

クリープ試験法は JIS K 7115（引張クリープ）と JIS K 7116（曲げクリープ）に規定されている．測定装置については細かい規定はなく，クリープ測定データのまとめ方のみ規定されている．次に曲げクリープを例に説明する．

曲げクリープは，**図 3.23** に示す治具に曲げ試験片をセットし中央部に荷重を加え，時間経過後の曲げたわみを測定する．たわみ測定装置は荷重下における試験片のたわみを接触または非接触式で計測する．

曲げ応力は次式で計算する．

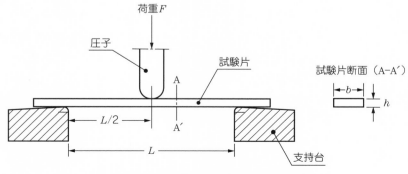

図 3.23 曲げクリープ装置の概略図[3]

$$\sigma_{\max} = \frac{3FL}{2bh^2} \tag{3.17}$$

ここで，$\sigma_{\max}$ は最大曲げ応力（MPa），F は荷重（N），L は支点間距離（mm），b は試験片幅（mm），h は試験片厚さ（高さ）（mm）である．

　曲げクリープひずみは，次式で求める．

$$\varepsilon_t = \frac{6h\delta_t}{L^2} \tag{3.18}$$

ここで，ε_t は曲げクリープひずみ，δ_t は t 時間後の支点間中央のたわみ（mm），h は試験片厚さ（高さ）（mm），L は支点間距離（mm）である．

　時間経過後の曲げクリープ弾性率は次式で求める．

$$E_t = \frac{L^3 F}{4bh^3\delta_t} \tag{3.19}$$

ここで，E_t は曲げクリープ弾性率（MPa），L は支点間距離（mm），F は荷重（N），b は試験片幅（mm），h は試験片厚さ（高さ）（mm），δ_t は t 時間後の支点間中央の曲げたわみ（mm）である．

　以上のようにして得られた測定データをもとに経過時間と曲げクリープひずみまたは曲げクリープ弾性率の関係をクリープ線図に描く．クリープ破壊については破壊するまでの時間と負荷応力の関係をクリープ破壊線図に描く．

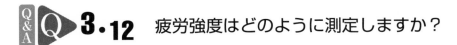

Q3・12　疲労強度はどのように測定しますか？

　疲労試験法は JIS 規格では K 7118（疲れ試験方法通則），K 7119（平面曲げ疲れ試験法）に規定されている．これらの規格では試験機についての規定はなく，試験目的に応じて適切な疲労試験機を用いることとなっている．一般に試験機には応力振幅一定型やひずみ振幅一定型があり，引張圧縮疲労試験機，回転曲げ疲労試験機，平面曲げ疲労試験機，ねじり疲労試験機などがある．平面曲げ疲労試験法の例を**図 3.24** に示す．平面曲げ試験片の形状例を**図 3.25** に示す．疲労試験では試験片のつかみチャック際またはチャック内から破壊することが多いので，図(b)に示す試験片を用いることが多い．試験片の加工法は試験結果に影響するので，いくつかの注意事項がある．試験片を射出成形で作製する場合はゲート位置，パーティングラインなどは疲労強度に影響しないように適

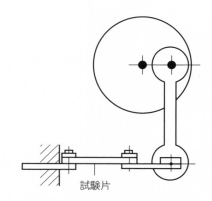

図 3.24　平面曲げ疲労試験装置例

（a）　　　　　　　　　　　　（b）

図 3.25　平面曲げ疲労試験片の概念図

切に設計すること，機械加工で作製する場合は加工ひずみや傷を残さないようにすることなどである．

　疲労試験は繰り返し応力（S）を負荷したときに，疲労破壊するまでの繰り返し数（N）を求めて S–N 曲線を描く．疲労試験を打ち切る時期は通常は次の 3 つがある．

① 繰り返し数 10^7 回未満で破壊したとき．

② 繰り返し数 10^7 未満で剛性保持率が一定値まで低下したとき．ここで，剛性保持率とは，最終剛性を初期剛性で除した値の百分率である（ひずみ軟化の影響）．

③ ①，②の条件を満たさずに，繰り返し数が 10^7 回に達した場合．

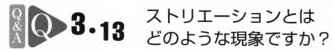

Q&A　**3・13**　ストリエーションとは
どのような現象ですか？

図 3.26 に示すように繰り返し応力を負荷すると，ある繰り返し数でクラッ

クが発生し，その後は繰り返し応力に対応してクラックは進展して破壊する．クラックが進展したときの破面に残る痕跡をストリエーション（striation）という．

　プラスチックのストリエーションは**図 3.27** に示す過程を経て形成すると報告されている[4]．クラックが発生し，次にクラック先端に生成したクレーズ中のボイドがつながって次のクラックが発生する．このようにクレーズ→クラックを繰り返しながらストリエーションが形成される．

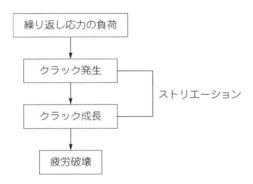

図 3.26　ストリエーションと疲労破壊進行過程

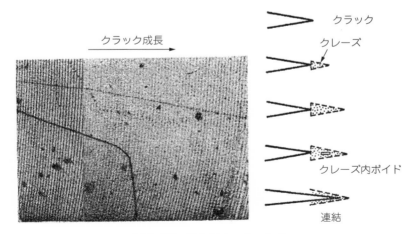

図 3.27　ストリエーション[4]

Q&A 3·14　プラスチックの熱疲労破壊とは どのような現象ですか？

　繰り返し応力によって機械的エネルギーは熱エネルギーに変わり，試験片自体の温度が上昇する．一般に温度上昇は繰り返し周波数と応力振幅の2乗に比例するといわれる．この温度上昇による破壊が熱疲労破壊である．図3.28はポリアセタール（POM）の単軸方向の繰り返し応力による温度上昇を示したものである[5]．応力の増大につれて温度が上昇して熱疲労破壊に至ることがわかる．

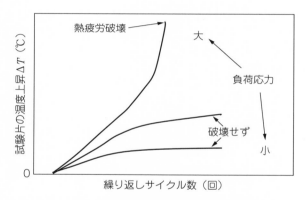

図3.28　疲労応力と試験片の温度上昇[5]

Q&A 3·15　ひずみ軟化とは どのような現象ですか？

　プラスチックには，繰り返し応力をかけていくと次第にひずみが増加したり，一定のひずみの繰り返しでは応力が小さくなる現象がある．このような現象をひずみ軟化という．そのため，JIS K 7118においても，剛性保持率の低下に注目して，試験終了時期を決めている．ひずみ軟化が起こる機構については，繰り返し応力のもとで試験片の微細構造が変化することによるといわれている[6]．非晶性プラスチックでは，変形に応じて分子鎖が少しずつ移動し，まったく不規則だった構造がより秩序ある領域とボイドを含むような領域に次第に2相化するものと考えられる．また，結晶性プラスチックでは結晶が壊れて小さくな

り，非晶相が 2 相化していくといわれている．

引用文献

1) エンプラの本（第 3 版）編集委員会編，エンプラの本　第 3 版，p. 19，工業用熱可塑性樹脂技術連絡会（1998）
2) JIS K 7111
3) JIS K 7116
4) 成沢郁夫著，プラスチックの強度設計と選び方，p. 126，工業調査会（1986）
5) R. J. Crawford, P. P. Benham, *Polymer*, **16**, 908–914 (1975)
6) 大石不二夫，成沢郁夫著，プラスチック材料の寿命―耐久性と破壊―，pp. 194～195，日刊工業新聞社（1992）

4

クラック現象を
解明しよう

ポイント 4-1　クレーズとクラック

　クレーズとクラックの違いを図4.1に示す．クレーズ内には応力方向に引き伸ばされた分子（配向した分子鎖）が存在するが，クラック内（亀裂）は完全に空隙である．なおクレーズとクレイズという用語があるが，英語ではcrazeであり同じ意味である．JIS用語ではクレーズとしているので本書ではこの用語を用いる．

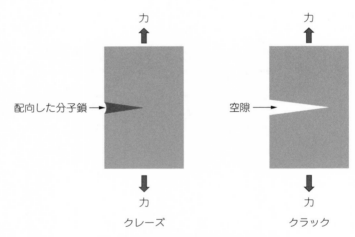

図4.1　クレーズとクラックの違い

ポイント 4-2　クレーズと破壊

　クレーズ内には配向した分子鎖が存在するので破壊に直接的に結びつくことはない．しかし，図4.2に示すようにクレーズ発生箇所にさらに外力（引張力）が作用するとクレーズの中にボイドが生成し，次にボイドがつながってクラックへ成長し破壊に至る．したがって，クレーズも発生しないほうが設計上は安全である．

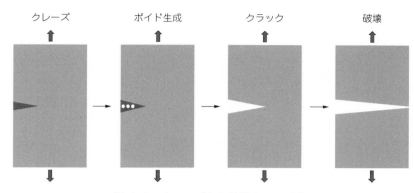

図4.2　クレーズから破壊までの過程

クレーズ　　　ボイド生成　　　クラック　　　破壊

ポイント 4-3　クレーズの判別

　一般的にクレーズは非常に微細なため目視で判別することは困難である．透過型電子顕微鏡で拡大観察し，内部に配向した分子鎖が確認された場合にクレーズとみなされ，クラックと区別されている．

　ただし，クレーズが無数に発生すると白化して見える例もある．例えば，ABS樹脂製品を変形させるとAS樹脂中に無数に分散しているブタジエンゴム粒子の周囲にクレーズが発生する（➡Q1·3）．クレーズ発生部と未発生部では屈折率差があるので，光が当たると白化して見える．図4.3はABS樹脂試験片を折り曲げたときに発生したクレーズである．白化している部分がクレーズである．

クレーズ

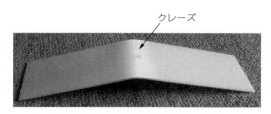

図4.3　ABS樹脂試験片を折り曲げたときに発生するクレーズ

ポイント 4-4   クラックと破壊

　クラックの先端アールは非常に小さいので，クラックに対し垂直に引張応力が作用すると応力集中して破壊する．

　クラックに対し垂直に平均引張応力 σ_0 が作用する場合，クラック底に発生する最大引張応力 σ_{max} は次式で示される（➡ Q1·7）．

$$\sigma_{max} = \sigma_0\left(1 + 2\sqrt{\frac{L}{r}}\,\right) \tag{4.1}$$

ここで，σ_0 は平均引張応力（MPa），σ_{max} はクラック底の最大引張応力（MPa），L はクラック深さ（mm），r はクラック先端アール（mm）である．クラックの先端アール r が小さいので，$(1 + 2\sqrt{L/r})$ の項が大きくなる．その結果，σ_{max} が大きくなるので破壊する．

ポイント 4-5   クラックの種類

表 4.1 に示す種類がある．

（1）ストレスクラック

　一定ひずみによる引張応力を持続的に加えると，時間が経過した後にクラックが発生する現象である．一定ひずみによる応力ではクラックが発生すると応

表 4.1　クラック用語の使い分け

用語	用語の使い分け	対象
ストレスクラック 応力亀裂	一定ひずみ下の応力で発生するクラック	全プラスチック
ケミカルクラック 化学クラック	応力と化学薬品（有機溶剤，油など含む）によるクラック	全プラスチック
ソルベントクラック 溶剤クラック	応力と有機溶剤，油などによるクラック	非晶性プラスチック
環境応力亀裂 （ESC：environmental stress cracking）	応力と液体，固体，あるいは気体によるクラック	全プラスチック

力は解放されるのでクラックの進展が停止する．そのためクラックとして観察
できる．一般的に一定ひずみ下のクラックをストレスクラックとよぶ．ストレ
スクラックのことを機械的クラック，メカニカルクラックということもある．

　静的応力（引張，曲げ，せん断），衝撃応力，クリープ応力（一定持続応力），
繰り返し応力などで脆性破壊するときには破壊に先立ってストレスクラックが
発生するが，すぐに破壊するのでストレスクラックとして観察されない．

（2）ケミカルクラック

　応力（引張応力）と薬液の共同作用でクラックが発生する現象をケミカルク
ラックという．応力が存在するときにクラックが発生するので，正確にはケミ
カルストレスクラックとすべきであるが，略してケミカルクラックと表現して
いる．化学クラックと表現することもある．ケミカルクラックは溶剤類，油類
を含めたすべての化学物質を対象としており，ソルベントクラックより広義の
用語として用いられる．

（3）ソルベントクラック

　ケミカルクラックと同じ現象であるが，薬液として主に溶剤類，油類などを
対象にするときにはソルベントクラックまたは溶剤クラックと表現している．
ソルベントクラックは主に非晶性プラスチックで起こりやすいことから，非晶
性プラスチック製品を対象とする場合にはケミカルクラックではなくソルベン
トクラックと表現することが多い．

（4）環境応力亀裂（ESC）

　ケミカルクラックと本質的には同じ現象であるが，応力と気体，液体（薬液），
固体を含めて全化学物質を対象にするときは環境応力亀裂（ESC：environmen-
tal stress cracking）とよぶ．ケミカルクラックよりもさらに広義の概念である．
ただし，固体物質そのものがESCを発生させることはなく，固体物質中に含ま
れる化学成分がプラスチックに移行してケミカルクラックが発生する．

ポイント 4-6　ケミカルクラックと薬液

　表4.2に非晶性プラスチックと結晶性プラスチックについて，ケミカルク
ラックを発生させる薬液例を示す．このように結晶性プラスチックではケミカ
ルクラックを発生させる薬液は限られていることがわかる．

表 4.2　ケミカルクラックを発生させる薬液例

種類	薬液例
非晶性 プラスチック	・有機溶剤類 ・塗料，印刷インク，接着剤（溶剤を含むもの） ・可塑剤類（DOP，TCP など） ・ガソリン，防錆油，切削油，グリスなど
結晶性 プラスチック	・PE：界面活性剤（洗剤），シリコーンオイル ・POM：酸性水溶液（塩酸など） ・PA：塩化カルシウム水溶液（融雪剤など） 　　　　塩化亜鉛水溶液

 **4-7　ストレスクラックと
　　　ケミカルクラックの違い**

　ストレスクラックとケミカルクラックの現象的な違いを**表 4.3** に示す．

表 4.3　ストレスクラックとケミカルクラックの現象的な違い

特性項目	ストレスクラック	ケミカルクラック
クラックが発生する までの時間	長い （数日から数週間）	短い （数分から数時間）
クラックの成長速度	遅い	速い
クラック発生限界応力	高い	低い
環境温度の影響	温度が高いほうが発生しやすい．	温度が高いほうが発生しやすい， または逆のこともある．

ポイント 4-8　クリープ破壊と薬液

　クリープ破壊ではケミカルクラックが発生してもすぐに破壊するのでケミカルクラックとしては観察されない．一方，ケミカルクラックが発生しにくいプラスチックでもクリープ破壊試験を行うと薬液の影響が表れることがある．

　例えば，**図 4.4** はポリアセタールを用い，試験温度 60 ℃ で大気中，レギュ

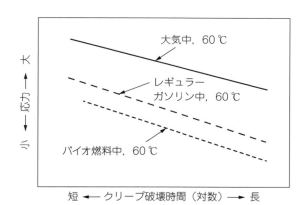

図 4.4　薬液中のクリープ破壊概念図[1]
試料：ポリアセタール

ラーガソリン中，バイオ燃料中でクリープ破壊試験を行った結果である[1]．ク
リープ破壊応力は

　　　　　　大気中＞レギュラーガソリン中＞バイオ燃料中

の順に小さくなっている．耐ケミカルクラック性に優れたポリアセタールにお
いても，一定応力が持続的に負荷されると薬液の影響が表れることに留意すべ
きである．

Q 4·1 ストレスクラックは どのような機構で発生しますか？

定説はないが，次の機構で発生すると推定される．

プラスチック内部にはポリマー末端，微小異物，ボイド，配合剤などの欠陥部が存在する．応力が作用すると，時間経過とともにポリマー間のずれによって粘性ひずみが生じる過程で欠陥部が応力集中源になり，クラックが発生すると推定される．このことを裏付ける事実には次のことがある．

① 応力が大きいほど短時間でクラックが発生する（粘性ひずみの進行促進）．

② 実用温度範囲においては，温度が高いほど短時間でクラックが発生する（粘性ひずみの進行促進）．

③ 分子量が低いほど短時間でクラックが発生する（ポリマー末端数の増加）．

④ 異物が多いとクラックが発生しやすくなる（応力集中源の増加）．

Q 4·2 ストレスクラックは どのような過程を経て発生しますか？

一定ひずみによるストレスクラック発生過程を**図4.5**に示す．応力を加えた

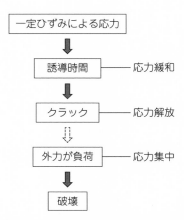

図4.5 ストレスクラック発生過程と破壊

後に時間が経過してからクラックが発生するので「遅れクラック」ともよばれている．クラックが発生するまでの時間を誘導時間という．ひずみが小さくなるほど誘導時間は長くなる．誘導時間の間に応力緩和するため緩和分だけ応力は小さくなるので，クラックが発生するまでの時間はさらに長くなる．

Q&A Q 4·3 ストレスクラック限界応力はどのように測定しますか？

表 4.4 に示すように引張法と曲げ法があるが，ここでは曲げ法の例で説明する．

各試験片に異なる曲げたわみ δ を与えて放置し，それぞれのたわみごとにクラックが発生しない最長時間を測定する．初期最大引張応力とクラックが発生しない最長時間の関係からストレスクラック限界応力（初期応力）を求める．

測定の手順は次のとおりである．

① 試験片の準備

試験片はアニール処理して残留ひずみを除去する．クラックの発生は

表 4.4　ストレスクラック試験法

	(a) 引張法	**(b) 曲げ法**
試験法	ひずみ負荷前の長さ L に対し，ΔL だけ変形させて一定時間後にクラックの有無を観察する． 試験片→ $L+\Delta L$ 変位 ΔL：一定	支点中央にたわみ δ を与えて，一定時間後に試験片下面のクラック発生の有無を観察する． 試験片　$L/2$　δ L δ：一定
発生応力（初期応力）	$\sigma = E \times \varepsilon$ σ：引張応力（MPa） L：初期長さ（mm） ΔL：変形（mm） ε：ひずみ（$\Delta L/L$） E：引張弾性率（MPa）	$\sigma_{\max} = \dfrac{6t}{L^2} \times E \times \delta$ $\sigma_{\max}$：最大引張応力（MPa） δ：たわみ（mm） t：試験片厚み（mm） L：支点間距離（mm） E：曲げ弾性率（MPa）

ばらつきが大きいので1条件の試験片本数を多くする（本例は10本）．
全数クラックが発生しない最長時間をクラックの発生しない時間とする．

② 曲げたわみと初期最大引張応力

表4.4(b)に示したように，次式から各たわみ δ に対する初期最大引張応力 $\sigma_{\max}$ を計算する．

$$\sigma_{\max} = \frac{6t}{L^2} \times E \times \delta \tag{4.2}$$

ここで，$\sigma_{\max}$ は初期最大引張応力（MPa），δ はたわみ（mm），t は試験片厚み（mm），L は支点間距離（mm），E は曲げ弾性率（MPa）である．

③ クラックが発生しない最長時間の求め方

曲げたわみを与えた試験片を放置し，時間経過後にクラック発生の有無を目視観察する．表4.5はたわみごとの経過時間とクラック発生率を示している．表からクラックが発生しない最長時間を求める．

表4.5　経過時間とクラック発生率

たわみ δ	初期最大引張応力 $\sigma_{\max}$	経過時間とクラック発生率						クラックの発生しない最長時間
		t_1	t_2	t_3	t_4	t_5	t_6	
δ_1	$\sigma_{\max 1}$	0/10	0/10	0/10	0/10	3/10	9/10	t_4
δ_2	$\sigma_{\max 2}$	0/10	0/10	1/10	3/10	8/10	10/10	t_2

④ ストレスクラック限界応力の求め方

縦軸に初期最大引張応力を，横軸にクラックが発生しない最長時間を図4.6のようにプロットする．

一定ひずみにおける初期応力は応力緩和するので，時間が経過すると緩和分だけ応力は小さくなる．そのため，クラックしない最長時間は長くなるので図のような曲線になる．この曲線に漸近線を引いてストレスクラック発生限界応力を求める．

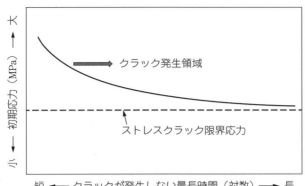

図 4.6　初期最大応力とクラックが発生しない最長時間

Q&A Q 4・4　クラックの観察が難しい不透明材料はどのように測定しますか？

　引張試験片を用いて，表 4.4(b)のように曲げたわみを与える．曲げたわみの
レベルを変えて一定時間放置した後に試験片を取り外して引張試験を行う．ク
ラックが発生していれば，引張破断ひずみは低下する．図 4.7 のように引張破
断ひずみが低下しない最長時間をクラックが発生しない最長時間とする．この
ようにして初期最大引張応力とクラックが発生しない最長時間の関係から
図 4.6 と同様にしてクラック発生限界応力を求める．

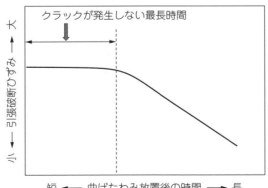

図 4.7　曲げたわみ放置時間と引張破断ひずみ

Q 4.5 ケミカルクラックは
どのような機構で発生しますか？

　ケミカルクラック発生機構の仮説を**図 4.8** に示す.

　プラスチックは長鎖線状分子（ポリマー）の集合体である（➡ポイント 1-1）.
ポリマー間には空隙（自由体積）が存在するので薬液が浸透しやすい.　薬液に
プラスチック成形品を浸漬または接触するとポリマー間に薬液が浸透（拡散）
する.　薬液が浸透するとポリマー間隔が拡がるのでポリマーは相互の拘束から
解かれて動きやすくなる.　その際，成形品内に局部応力が存在すると，急激に
応力緩和するときにクラックが発生すると推定される.　他には，不均一部分へ
の薬液分子の選択的凝集によって，表面圧のような 2 次元的な圧力が高まり，
プラスチックの引張破壊応力を超えたときにクラックが発生するという仮説も
ある.　しかし，ケミカルクラックは，局部応力が存在するときに発生するとい
う現象からすると，前者の考え方のほうが理にかなっていると思われる.

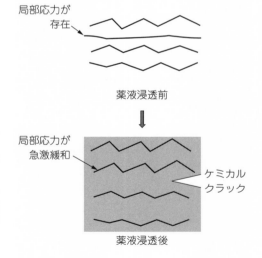

局部応力が
存在

薬液浸透前

局部応力が
急激緩和

ケミカル
クラック

薬液浸透後

**図 4.8　ケミカルクラックの
　　　　　発生機構（仮説）**

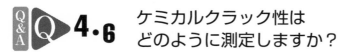

ケミカルクラック性は どのように測定しますか？

（1）限界応力測定法

　ケミカルクラック性の測定法には**表4.6**に示す方法がある．これらの中でケミカルクラック限界応力を測定できるのは4分の1だ円法，曲げひずみ法，C型試験片法などである．

表4.6　ケミカルクラック試験法

試験法	主な測定目的
JIS K 7017	薬液中での応力緩和
JIS K 7018	クリープ破断時間
ベントストリップ法	材料選択
4分の1だ円法	クラック限界応力
曲げひずみ法	クラック限界応力
C型試験片法	材料選択，クラック限界応力

　ここでは，4分の1だ円法の例を説明する．ベルゲンの4分の1だ円形状の金属製治具を用いる試験法である．だ円曲面に沿わせて板状試験片を取り付けると，長軸方向の位置によって曲げひずみを連続的に変えることができるので，1つの試験片でひずみ，応力を変えて試験することができる．

　図4.9に示すように長軸100 mm，短軸40 mmの4分の1だ円治具に，短冊状試験片を取り付ける．発生するひずみεは次式で求めることができる．

$$\varepsilon = [0.02 \times (1 - 0.0084x^2)^{-3/2}]t \tag{4.3}$$

ここで，tは板厚（mm），xは図に示す位置である．

　また，ひずみεによって発生する応力σ（初期応力）は，フックの弾性限界では次式で与えられる．

$$\sigma = E \times \varepsilon \tag{4.4}$$

ここで，Eはヤング率（MPa）である．

　例えば，肉厚1 mmの試験片について4分の1だ円の長軸位置とひずみの関係を式（4.3）から求めたものが**図4.10**である．ひずみを発生させた状態で試験

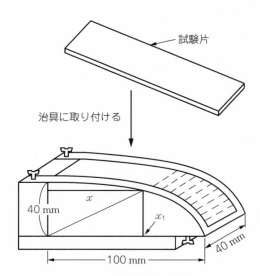

図 4.9　4 分の 1 だ円試験治具と試験片の取り付け方

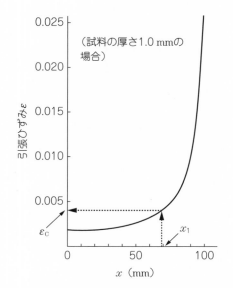

図 4.10　クラック発生位置とひずみの関係

薬液に浸漬または接触させて放置すると，限界ひずみ以上ではクラックが発生する．x_1 の位置以上のひずみでクラックが発生したとすると，図からクラックが発生する限界ひずみ ε_c を読み取ることができる．次に，ε_c とヤング率 E から限界応力 σ_c を求めることができる．ただし，このようにして求めた応力は，応力緩和を考慮していない初期応力である．

（２）強度測定法

　試験片を薬液に浸漬または接触させた状態で引張または曲げ試験によって強度を測定する．ケミカルクラックが発生すれば強度は低くなる．本法ではケミカルクラック限界応力を直接には測定できないが，強度低下からケミカルクラックのしやすさを相対的に評価できる．

Q 4・7　ケミカルクラック発生のしやすさを表す指標はありますか？

　ポリマー間への薬液の浸透のしやすさを表す指標には溶解度パラメータ（SP 値：solubility parameter）がある．SP 値は次式に示すように分子間の凝集エネルギーの平方根で表される．

$$(SP)^2 = CED = \frac{\Delta E}{V} = \frac{\Delta H - RT}{V} = \frac{d}{M} \times (CE) \tag{4.5}$$

ここで，SP は溶解度パラメータ $[(\mathrm{kcal/cm^3})^{1/2}]$，$CED$ は凝集エネルギー密度（$\mathrm{kcal/cm^3}$），ΔE は蒸発エネルギー（$\mathrm{kcal/mol}$），V はモル体積（$\mathrm{cm^3/mol}$），ΔH は蒸発潜熱（$\mathrm{kcal/mol}$），R は気体定数 $[\mathrm{kcal/(K \cdot mol)}]$，$M$ はモル質量（$\mathrm{g/mol}$），T は絶対温度（K），d は密度（$\mathrm{g/cm^3}$），CE は凝集エネルギー（$\mathrm{kcal/mol}$）である．

　プラスチックの SP 値と薬液の SP 値が近いほど浸透しやすい性質がある．しかし，ポリマーと溶媒和して溶解する薬液（良溶媒）ではケミカルクラックはほとんど発生せず，溶解しないで浸透する薬液（貧溶媒）で発生するところにケミカルクラックの複雑さがある．

　例えば，**表 4.7** は 4 分の 1 だ円法で PC のケミカルクラック限界応力を測定した結果である[2]．表には試験に用いた各溶剤の SP 値も示してある．これらの結果から PC の限界応力と溶剤の SP 値の関係は**図 4.11** に示すとおりである．

　傾向としては PC の SP 値 9.8 に近いほど限界応力は低くなるが，各溶剤の SP 値との相関性は認められない．

表4.7　4分の1だ円法によるケミカルクラック限界応力[2]

分類	溶剤名	SP値	限界応力 (MPa)	クラックパターン
アルコール類	メタノール	14.8	26.9	A
	エタノール	12.8	25.3	A
	プロパノール	12.1	27.2	A
	イソプロパノール	11.2	26.9	A
	ブタノール	11.1	25.3	A
	オクタノール	—	26.7	A
芳香族炭化水素	ベンゼン	9.2	5.8	C
	トルエン	8.9	6.7	C
	キシレン	8.8	5.8	C
脂肪族炭化水素	ペンタン	7.0	23.9	A
	ヘキサン	7.2	24.8	A
	ヘプタン	—	26.0	A
	シクロヘキサン	8.25	31.5	A
ハロゲン系炭化水素	塩化メチレン	9.7	—	D
	1,2-ジクロロエタン	—	17.7	C
	クロロホルム	9.4	15.4	C
	四塩化炭素	8.6	4.0	B
アセタール類	テトラヒドロフラン	9.2	13.6	C
	ジオキサン	10.1	6.3	C
ケトン類	アセトン	9.8	14.2	C
	メチルエチルケトン	9.3	12.3	C
	メチルイソブチルケトン	9.5	5.5	C
エステル類	酢酸メチル	9.6	15.9	C
	酢酸エチル	9.9	12.8	C
多価アルコール類	メチルセロソルブ	9.9	13.8	A
	ブチルセロソルブ	—	16.9	A

試料：PC（SP値9.8）
浸漬条件：液温20℃，浸漬時間1min
クラックパターン　A：応力方向に直角に小さなクラックが発生する
　　　　　　　　　B：不規則な大きなクラックが発生する
　　　　　　　　　C：膨潤溶解しながらクラックが発生する
　　　　　　　　　D：溶解するのみでクラックが発生せず

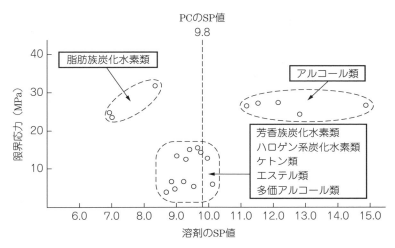

図4.11 溶剤の SP 値と PC のケミカルクラック限界応力
（表 4.7 をもとに作成）

Q&A Q 4・8 非晶性プラスチックは，なぜケミカルクラックが発生しやすいのですか？

　プラスチックの SP 値と薬液の SP 値の関係もあるが，**図 4.12** に示すように非晶性プラスチックは分子間に空隙が多いので薬液が浸透しやすいことも 1 つの原因と推定される．一方，結晶性プラスチックでは結晶相のポリマーは近接しているため薬液が浸透しにくいのでケミカルクラックが発生しにくいと推定される．

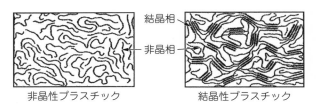

図 4.12 非晶性プラスチックと結晶性プラスチックの分子配列状態

引用文献

1）中川広樹，植田隆憲，藤井靖久，成形加工，**21**（6），321-323（2009）
2）本間精一編，ポリカーボネート樹脂ハンドブック，p. 611，日刊工業新聞社（1992）

5

環境条件による
劣化を知ろう

ポイント 5-1 劣 化

JIS用語では劣化（degradation）は「特性に有害な変化を伴う化学構造の変化」と定義されている．この定義に基づくと環境要因によってプラスチックの分子鎖が切断されて強度低下する現象は劣化である．

プラスチックの劣化には熱劣化，加水分解劣化，紫外線劣化，放射線劣化などがある．これらの劣化過程では強度低下に先立って色相変化も起きる．

ポイント 5-2 熱劣化現象

熱と酸素の影響で熱酸化分解を起こし長期間後に色相変化，微細亀裂，強度低下などが起きる現象である（➡ Q5・1）．

図5.1に示すように熱劣化は次のように進行する．

① 熱エネルギーの影響で初期分解物（ラジカル）が生成する．

② ラジカルに大気中の酸素が結合して過酸化物を生成する．

③ 過酸化物は不安定な物質であるのですぐに分解して分子切断する．

④ 分解過程で生じた分解物はさらにプラスチックの分解を促進する．

このように熱劣化は高温下で酸素の作用で自動的に進行するので自動熱酸化

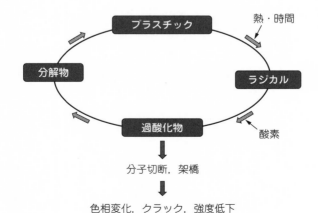

図5.1 熱劣化の概念図

劣化ともよばれている.

ポイント 5-3　熱劣化と強度低下

　熱処理による強度変化の挙動を**図5.2**に示す.引張強度はある時間まではやや高くなるが,衝撃強度や引張破断ひずみは大きく低下する.つまり,硬く脆くなる傾向がある.また,熱劣化すると色相変化が先行して起きる.

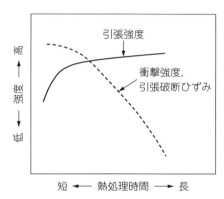

図5.2　熱処理による強度変化

ポイント 5-4　加水分解劣化現象

　高温水や高温水蒸気によってプラスチックが化学的に分解し劣化する現象である（➡ Q5·3）.プラスチックは全般的に高温下では水分によって若干は分解するが,ポリカーボネート（PC）,ポリブチレンテレフタレート（PBT）,ポリエチレンテレフタレート（PET）,ポリアリレート（PAR）などはエステル結合を有するので高温水や高温水蒸気中で顕著な加水分解が起きる.**図5.3**に示すように高温水や高温水蒸気によって分子鎖中のエステル結合が加水分解される.

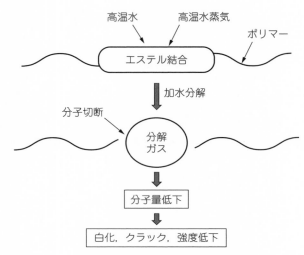

図 5.3　加水分解劣化の概念図

ポイント **5-5**　**加水分解劣化の特徴**

　一般的に加水分解すると分子量が低下し，同時に次の変化も起こる．
①　白化する．
②　ランダムな方向にクラックが発生する．
③　引張破断ひずみや，衝撃強度の顕著な低下が生じる（脆化する）．

ポイント **5-6**　**紫外線劣化現象**

　紫外線エネルギーはポリマーの結合エネルギーより大きいので，紫外線を吸収し分解することで劣化が起きる（➡ Q5·4）．紫外線を吸収しないで透過すれば分解しない．
　図 5.4 に示すように紫外線劣化は進行する．
①　紫外線を吸収すると初期分解物（ラジカル）が生成し，これに大気中の酸素が結合して過酸化物を生成する．過酸化物は不安定物質であるのでさらに分解が進む．

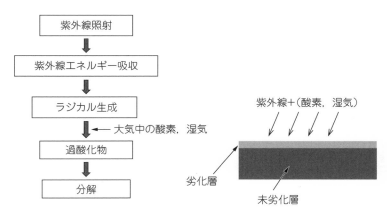

図 5.4　紫外線劣化の概念図

②　紫外線劣化は紫外線の照射面から進行する.

③　表面の劣化層が紫外線を遮蔽するので内部の劣化は抑制される.

④　表面層の劣化が進行してボロボロになると,劣化層は屋外では雨に流されたり,風に飛ばされたりして失われる.

⑤　劣化層が失われると内部の未劣化層が露出して,①〜④を繰り返すことで劣化が進行する.

ポイント # 5-7　紫外線劣化の特徴

　強度については硬く脆くなる傾向がある.ただし,紫外線が照射される表面層は劣化しているが,内部の未劣化層は強度を保持している.衝撃強度や引張破断ひずみの低下は表面に発生した微細亀裂が応力集中源になることが主原因である.

　ポリエチレン,ポリプロピレン,ポリアセタールなどではチョーキングとよばれる外観変化が起きる.チョーキングは表面に白い粉が付着したような現象である.また,表面汚染は塵埃などの汚れが表面の凹凸や亀裂に入り込むことによるものである.

ポイント 5-8　放射線劣化現象

　X 線, γ 線などの放射線は紫外線波長よりはるかに短波長であるので放射線エネルギーは非常に大きい. これらの放射線を照射すると, プラスチックは短時間で変色し, 強度低下が起きる.

ポイント 5-9　オゾン劣化現象

　オゾンは大気中の対流によって地表にも微量に存在している. ポリマーの分子構造によっては微量のオゾンによって劣化が進行する.

　分子鎖に二重結合 (−C=C−) を有するポリマーではオゾンが作用するとオゾニドという化合物を生成する. オゾニドは不安定な物質であるため, さらに分解が進行する. ゴムは二重結合を有するのでオゾンに曝されると分解するが, 熱可塑性プラスチックでは二重結合を有していないのでオゾンで劣化する可能性は少ない. ただし, ゴム成分を含むポリマーアロイではオゾン劣化することがある.

Q&A Q 5・1 熱劣化はどのような機構で起きますか？

ポリマーの熱劣化は，次のような連続反応によって進行する[1].

| 連鎖開始 | $RH \longrightarrow R\cdot$ | (1) |

$(ROOH \longrightarrow RO\cdot \longrightarrow R\cdot)$ (1)′

連鎖生長　$R\cdot + O_2 \longrightarrow ROO\cdot$ (2)

$ROO\cdot + R^2H \longrightarrow ROOH + R^2\cdot$ (3)

$ROOH \xrightarrow{\text{熱, 光}} RO\cdot + \cdot OH$ (4)

$ROOH + M^+ \longrightarrow RO\cdot + M^{2+} + OH^-$ (5)

（連鎖移動）　$R\cdot + R^2H \longrightarrow RH + R^2\cdot$ (6)

$RO\cdot \longrightarrow R'CHO + R^3\cdot$ (7)切断

$RO\cdot \longrightarrow R'COR^2 + R^3\cdot$ (8)切断

$HO\cdot + RH \longrightarrow H_2O\cdot + R\cdot$ (9)

$RO\cdot + R^2H \longrightarrow ROH\cdot + R^3\cdot$ (9)′

連鎖停止　$R\cdot + R\cdot \longrightarrow R-R$ (10)架橋

$R\cdot + RO\cdot \longrightarrow ROR$ (11)架橋

$R\cdot + \cdot OH \longrightarrow ROH$ (12)

　　熱と酸素の存在下で水素分子の引き抜き反応によって炭化水素ラジカル（$R\cdot$）が生成する（連鎖開始(1)）．次に炭化水素ラジカル（$R\cdot$）は酸素と反応し，パーオキシラジカル（$ROO\cdot$）を生成する(2)．このパーオキシラジカルは他の炭化水素から水素を引き抜きハイドロパーオキサイド（$ROOH$）が生成する(3)．ハイドロパーオキサイドは，高温下で分解してパーオキシラジカル（$ROO\cdot$）やオキシラジカル（$RO\cdot$）を生成し，さらにパーオキシラジカルや炭化水素ラジカルの発生を誘発する(3～4)．また，この反応は銅，鉄，コバルトのような2価の酸化状態をとる金属の存在下ではハイドロパーオキサイドの分解を促進する作用がある(5)．一方，この段階ではオキシラジカル自身の分解によって分子鎖切断も起こる(7～8)．最終的には，ラジカル同士が反応して分

解は停止するが，この段階で架橋反応も起こり架橋構造となる（10〜12）．以上のように，分子鎖切断，架橋構造をとることで脆化し，表面に微細な亀裂が発生し強度低下する．

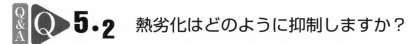

熱劣化を抑制するには，プラスチックに酸化防止剤を添加する．酸化防止剤には，ラジカルを捕捉して自動酸化の進行を止めるものと，過酸化物（ハイドロパーオキサイド）を分解して無害化するものがある．前者を1次酸化防止剤（ラジカル捕捉剤），後者を2次酸化防止剤（過酸化物分解剤）という．1次酸化防止剤にはフェノール系やアミン系酸化防止剤（ヒンダードアミン系，芳香族アミン系）が用いられる．2次酸化防止剤には，リン系とイオウ系酸化防止剤がある．一般的には1次酸化防止剤と2次酸化防止剤を併用して添加することが多い．

ただし，酸化防止剤を添加しても完全には劣化を防止することはできないので，ある程度の劣化は避けられない．熱劣化は温度が高いほど劣化時間は短くなるので，製品の寿命時間に対応して使用温度の上限値が決まることになる（➡ Q6·2）．

Q&A Q 5·3 加水分解はどのような機構で起きますか？

PCの炭酸エステル結合の加水分解機構例を示す．高温水や高温水蒸気中では炭酸エステル結合に水分が作用して炭酸ガス，フェノール末端分解物，ビスフェノールAなどを生成しながら分解が進行する[2]．加水分解すると分子量が低下しガスが発生する．PBT，PET，PARなども類似の分解機構と推定される．

加水分解反応は温水または水蒸気の温度が高いほど分解速度は速くなるので，製品の使用温度が高くなるほど寿命が短くなることを留意すべきである．

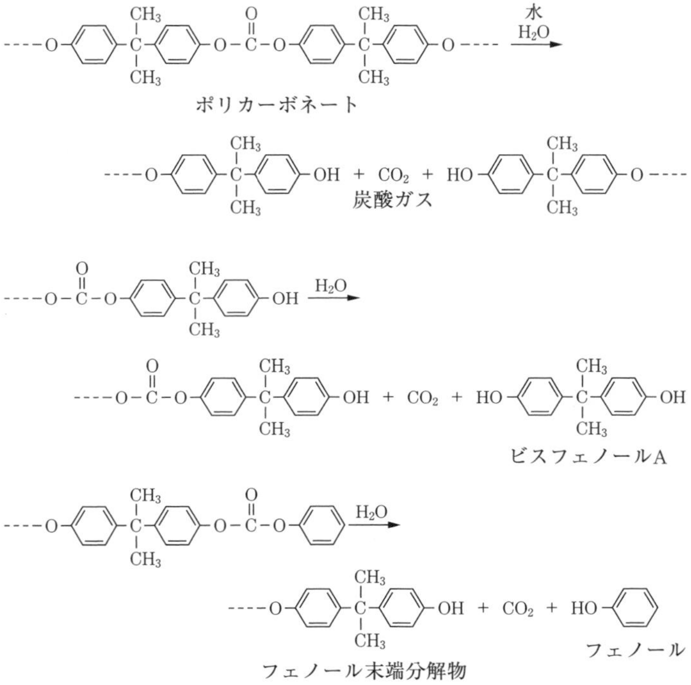

ポリカーボネート

炭酸ガス

ビスフェノールA

フェノール末端分解物　　　　　　フェノール

5・4 紫外線による劣化は どのような機構で起きますか？

　ポリマーの紫外線劣化は紫外線による純粋な分解反応だけではなく，空気中の酸素が関与する．つまり，紫外線によってラジカルが生成すると，引き続いて酸素によって酸化劣化する．紫外線劣化機構を次に示す．

$$RH + h\nu \longrightarrow R\cdot + \cdot H$$

活性化　　$R\cdot + O_2 \longrightarrow ROO\cdot$

$$ROO\cdot + RH \longrightarrow ROOH + R\cdot$$

連鎖開始　$2ROOH \longrightarrow R\cdot + ROO\cdot$

あるいは，エネルギーを吸収した分子が反応するとは限らず，そのエネルギーが他の分子に移動して反応する場合もある．これを光増感作用という．

$$RH \quad + \quad h\nu \longrightarrow RH^*$$

$$RH^* \quad + \quad O_2 \longrightarrow ROO\cdot \quad （中間過程を経て）$$

$$ROO\cdot \quad + \quad RH \longrightarrow ROOH \quad + \quad R\cdot$$

ここで，h はプランク定数，ν は振動数である．

また，劣化を促進する他の要因には温度と湿度がある．紫外線が関与する1次過程では影響は小さいが，引き続いて起こる2次過程の自動酸化反応では温度や湿度が大きく影響する．

Q&A Q 5.5 紫外線劣化を抑制するにはどのような方法がありますか？

　紫外線劣化を抑制するには，光安定剤や光遮蔽剤をプラスチックに添加する方法がある．またはこれらの添加剤を併用して添加する方法もある．

　光安定剤には紫外線吸収剤と HALS（ヒンダードアミン系光安定剤）がある．

　紫外線吸収剤は紫外線を吸収することでポリマーの劣化を抑制する機能を有するものである．紫外線吸収剤にはサルシレート系，ベンゾフェノン系，ベンゾトリアゾール系，シアノアクリレート系，ニッケル錯塩などがある．**図 5.5** にベンゾフェノン系の紫外線吸収機構を示す[3]．紫外線が当たると，フェノール性水酸基の近くのカルボニル基 (-CO-) が共鳴構造をとり，紫外線エネルギーを吸収し振動エネルギーに変換する．その後振動エネルギーは熱，光，蛍光などのエネルギーに変換され，ポリマーが紫外線によって励起されるのを防止する．エネルギーを放出すると紫外線吸収剤はもとの構造にもどる．

　HALS は紫外線を吸収する機能はないが，劣化の過程で生成するハイドロパーオキサイドラジカルの安定化や有害ラジカルの捕捉除去の機能を有するものである．

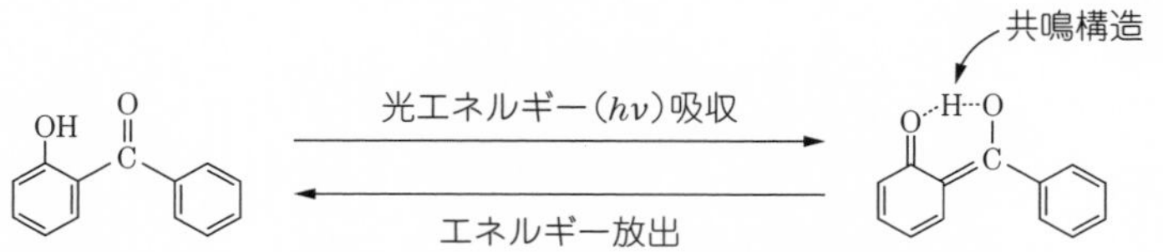

図 5.5　ベンゾフェノン系紫外線吸収剤の紫外線吸収機構[3]

　光遮蔽剤には無機充填剤，有機および無機顔料がある．これらをプラスチックに混ぜ，紫外線を遮蔽することで紫外線劣化を抑制する．光遮蔽剤は紫外線の吸収能が大きいものほどよい．カーボンブラックは光遮蔽剤の中で最も高い遮蔽効果がある．

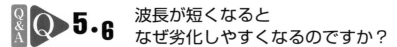

波長が短くなるとなぜ劣化しやすくなるのですか？

　短波長になるほど光エネルギーは大きくなる．また，プラスチックは吸収するエネルギーが大きければ大きいほど結合が切断されやすく，その結果劣化しやすくなる．

　光エネルギーや放射線エネルギーは次式で示される．

$$E = \frac{cNh}{\lambda} \tag{5.1}$$

ここで，c は光の速度（2.998×10^{10} cm/sec），N はアボガドロ定数（6.02×10^{23}），h はプランク定数（6.62×10^{-27} erg·sec），λ は波長（nm）である．上式において，C, N, h は一定であるから，波長 λ が短くなるほどエネルギーE は大きくなる．

　太陽光の紫外線波長は約 290 nm であるので，式(5.1)をもとに計算すると98 kcal/mol となる．一方，ポリマー内の炭素–炭素結合の結合エネルギーは約83 kcal/mol であるので紫外線を吸収すると分解することになる．

　放射線のX線波長は0.1 nm，γ線は0.001 nmであるから，さらにエネルギーは大きい．ポリマーがX線やγ線を吸収すると速やかに分解する．

引用文献

1)　日本合成樹脂技術協会監修，やさしいプラスチック配合剤—製品性能と成形加工性向上のための基礎知識，p. 74，三光出版社（2001）
2)　F. C. Schilling *et al.*, *Macromolecules*, **14**, 532–537 (1981)
3)　日本合成樹脂技術協会監修，やさしいプラスチック配合剤—製品性能と成形加工性向上のための基礎知識，p. 92，三光出版社（2001）

6

寿命を予測しよう

ポイント 6-1　プラスチックの寿命予測法

次の方法がある.

① 理論式による寿命予測

　熱劣化, 加水分解劣化, クリープ破壊などの寿命予測法がある.

② 促進劣化試験による寿命予測

　紫外線促進暴露試験による寿命予測法がある.

③ 加速寿命試験による寿命予測

　熱処理, ヒートサイクル, ヒートショック, 温湿度サイクルなどの加速寿命試験法がある. ただし, これらの試験法は寿命そのものを予測する方法ではなく, どの程度の条件まで耐えるか調べることで製品の信頼性を相対的に評価する方法である.

ポイント 6-2　寿命時間の求め方

　製品の寿命時間は, さまざまな使用条件のもとで要求性能・機能を満足しなくなる終点（エンドポイント）までの時間である. ただし, 寿命時間にはばらつきがあるので, 実際には安全率を考慮しなければならない.

　一般的に, プラスチック製品寿命のエンドポイントを決めるには次の方法がある.

① 初期強度の 50 ％まで低下する時間

　正確な基準があるわけではないが, 初期強度の 50 ％に低下するまでの時間（半減時間）を寿命とする. 例えば, 熱劣化寿命では破断強度, 破断ひずみ, 衝撃値の半減時間を寿命時間としている.

② 延性破壊から脆性破壊へ移行するまでの時間

　延性破壊を示す材料が脆性破壊に移行する時間として, 脆性破壊率が 50 ％に達する時間を寿命時間とする.

③ クラックが発生しない最長時間

　クラックは破壊に結びつく前駆的現象であるので, クラックが発生しない最長時間を寿命時間とする.

④　特性値がある値まで低下する時間

　　製品の要求性能，機能，外観によって寿命時間は変化する．特性値が
ある値まで低下する時間，または初期値との差がある値に達するまでを
寿命時間とする．例えば，特性値には平均分子量，色相，黄色度，光線
透過率，霞度などがある．

ポイント 6-3　アレニウスプロットによる寿命予測

　分解反応によって物性が低下する劣化では，物性値がある値まで低下する時
間（対数）と絶対温度の間には次の関係がある（➡ Q6・1）．

$$\ln t_B = A' + \frac{E_a}{RT} \tag{6.1}$$

ここで，t_B は物性値がある値に達するまでの時間，A' は定数，E_a は活性化エネ
ルギー，R は気体定数，T は絶対温度である．

　図6.1に示すように，物性値がある値まで低下する時間の対数 $\ln t_B$ と絶対温
度の逆数 $1/T$ の間に正の勾配の直線関係があることを利用して，高温における

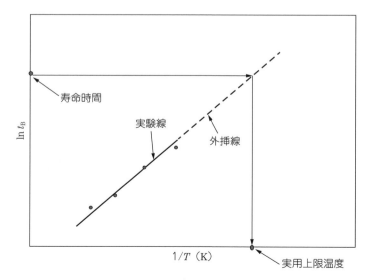

図6.1　アレニウスプロットによる寿命予測

加速劣化試験による実験線を延長（外挿）して，実使用条件における寿命時間を予測することができる．

ポイント 6-4　熱劣化寿命の予測

　高温で熱処理試験を行い，物性がある値まで低下する劣化時間を測定する．劣化時間（対数）と熱処理温度の逆数をアレニウスプロットして，使用温度に対する熱劣化寿命を予測する．

　具体的には，次の手順で熱劣化寿命を予測する．

① 対象材料の劣化が最も早く現れる物性値について，高温の4温度（$T_1 > T_2 > T_3 > T_4$）で熱劣化試験を行って，**図6.2**のようにして半減時間（$t_1 < t_2 < t_3 < t_4$）を求める．

② 縦軸に半減時間 t_B（対数）を，横軸に処理温度の逆数 $1/T$ をグラフにプロットして実験線を決める．

③ 実験線を外挿する．

④ **図6.3**に示すようにして，外挿線をもとに寿命時間に対応する上限実用温度を予測する．または，使用温度に対応する寿命時間を求める．

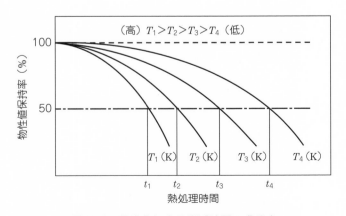

図6.2　熱劣化による半減時間の求め方

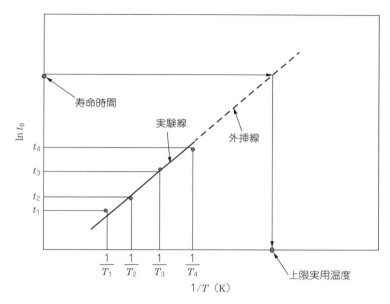

図6.3　アレニウスプロットによる熱劣化寿命予測

ポイント **6-5**　加水分解寿命の予測

　加水分解は熱劣化と同様に分解反応であるので，高温水や高温水蒸気中での加速劣化試験データを用いてアレニウスプロットにより外挿して使用温度に対する寿命時間を予測する．

　例えば，高温水の4温度（$T_1 > T_2 > T_3 > T_4$）で処理して，強度の半減時間（$t_1 < t_2 < t_3 < t_4$）を求める．図6.3と同様にアレニウスプロットして，製品の寿命時間に対応する上限温水温度を求める．または，温水温度に対応する寿命時間を推定する．

ポイント **6-6**　紫外線劣化寿命の予測

　紫外線照射された表面層から選択的に劣化が進行するので，アレニウスプロットによる予測法は適用できない．そのため，紫外線照射による促進暴露試

表6.1　屋外暴露1年とサンシャイン促進暴露試験時間の関係[1]

試料	評価項目	屋外暴露1年に相当する 促進暴露時間
硬質 PVC	変退色	500 hr〜600 hr
PP		130 hr〜260 hr
PMMA	破断ひずみ	500 hr〜600 hr
高衝撃 ABS	衝撃強度	500 hr〜600 hr
PA6	引張強度	500 hr〜600 hr

験を行って寿命を予測する.

　表6.1に示すように，一般的にサンシャイン促進暴露試験では，500 hr〜600 hr が1年間屋外暴露に相当するといわれている[1]．したがって，寿命時間を10年と見込んだ場合は，サンシャイン促進暴露試験機で 5,000 hr〜6,000 hr の暴露試験を行って物性低下を調べて寿命を予測する.

ポイント 6-7　クリープ破壊寿命の予測

　負荷応力とクリープ破壊時間の間には次の理論式がある（➡ Q6·4）.

$$\log t_B = A - B\sigma \tag{6.2}$$

ここで，t_B は破壊時間，σ は負荷応力，A, B は温度に依存する定数である．破壊様式が変化しない場合には，上式を用いて高応力側における短時間クリープ破壊時間（対数）と破壊応力の実験データから，低応力側におけるクリープ破壊寿命を外挿法によって予測する.

　例えば，あるプラスチック材料について室温でクリープ破壊時間を測定したところ，次の結果であった.

負荷応力（MPa）	クリープ破壊時間（hr）
50	10
45	70
40	400
35	4,000

　これらの結果をもとに，縦軸に負荷応力（MPa），横軸（対数）に破壊時間（hr）をプロットすると**図6.4**のようになる．点線は，上式が成り立つとして直線外挿した線である．図をもとに10年（87,600 hr）後にクリープ破壊する負荷応力を求めると約17 MPa と読み取れる．

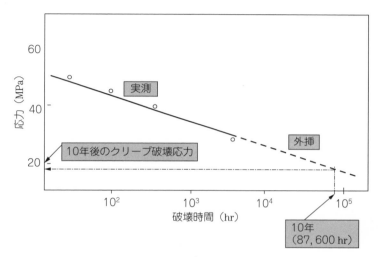

図6.4　クリープ破壊寿命予測法

　また，クリープ破壊では，縦軸に負荷応力 σ を横軸に $T(\log t_{\mathrm{B}}+C)$（T は絶対温度，t_{B} はクリープ破壊時間，C は材料による定数）をとると負の勾配の直線に乗るという理論的関係がある（**➡ Q6·4**）．この場合，定数 C の値は材料ごとにあらかじめ実験で決めておかねばならない．**図6.5**のように理論的関係をもとにクリープ破壊寿命を推定する方法をラルソンミラー（Larson–Miller）法という．

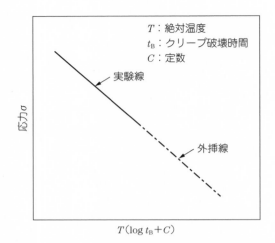

図 6.5　ラルソンミラー法によるクリープ破壊時間予測

ポイント 6-8　加速試験による寿命予測

　理論式を用いて寿命を予測することは，現実的には困難なことが多い．例えば，実際の製品では，次のことを配慮しなければならない．

・強度のばらつき（破壊は確率的現象）
・複合的要因（応力，温度，化学的要因）
・製品設計や成形条件の要因（ウェルドライン，応力集中，成形時の劣化など）
・2 次加工要因
・製品の組み立て条件

　そのため，加速寿命試験，すなわち使用条件を厳しくした条件による信頼性評価が行われる．ただし，加速寿命試験法には，絶対的な評価基準はないので，それぞれのケースについて実績データを積み重ねて，評価基準をつくる必要がある．

Q&A Q 6·1　アレニウスプロットの理論式はどのように誘導されますか？

アレニウスは，速度定数 k を次式で表した．

$$k = A \exp(-E_a/RT) \tag{6.3}$$

ここで，A は頻度定数，E_a は活性化エネルギー，R は気体定数，T は絶対温度である．式(6.3)で頻度定数 A は全衝突回数に対する有効衝突回数の割合を示すものである．

いま，初期の物理量 P_0 が物理量 P に達する時間 t は，1 次反応の場合は次式で表される．

$$\ln P/P_0 = -kt \tag{6.4}$$

式(6.3)の k を式(6.4)に代入し t について解くと，次式になる．

$$\ln t = \ln\left(\frac{1}{A} \cdot \ln \frac{P_0}{P}\right) + \frac{E_a}{RT} \tag{6.5}$$

物理量 P_0 が一定値 P に達する寿命時間を t_B とすると，式(6.5)の右辺第 1 項は定数となり，これを A' とすると，次式になる．

$$\ln t_B = A' + \frac{E_a}{RT} \tag{6.6}$$

活性化エネルギー E_a は材料によって決まる値であり，大きいほど分解反応が起こりやすいことを示す．熱劣化や加水分解劣化は分解反応であるので，式(6.6)の関係を用いて高温側での劣化試験で直線の各定数を決定すれば，実用温度領域における熱劣化寿命を予測できる．

Q&A Q 6·2　UL の相対温度指数（RTI）の使用温度上限値はどのように求めますか？

UL（Underwriter's Laboratories Inc.）の UL746B では，認定温度が既知の基準材料（コントロール材料）と試験材料を比較して認定温度を決定する方法をとっており，これを相対温度指数（RTI：relative thermal index）という．

図 6.6 に示すように，UL746B では次のようにして RTI を求める．

① 認定温度が既知のコントロール材料と試験対象材料について熱劣化試験をする．

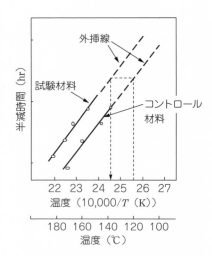

図 6.6　RTI の求め方

② 両材料について高温加速劣化試験を行い，強度（破断応力，破断ひずみ，衝撃値など）の半減時間を測定し，半減時間と絶対温度の逆数をアレニウスプロットする．

③ コントロール材料の認定温度から，試験材料の RTI を求める．

コントロール材料を用いないときには，アレニウスプロットによる外挿で，半減時間が 10 万時間に対応する温度を RTI としている．

Q&A 6.3　使用中に温度が変化する場合のトータル寿命はどのように予測しますか？

直接被害則またはマイナー則で予測する方法がある．いろいろな条件下で使用するときのトータル時間の寿命を次式で推定する．

$$\frac{1}{L} = \sum \frac{1}{(L_n/x_n)} \tag{6.7}$$

ここで，L は推定寿命時間，L_n はある条件における推定寿命，x_n は L_n に対する時間割合である．

プラスチックでは，使用中に異なった温度で使用される場合，トータル寿命の予測にこの式が利用された例がある[2]．例えば，次の表のようにトータル寿命を計算する．

温度	その温度での寿命（時間）	使用時間割合
130℃	3.5ヶ月	2.5 %
110℃	25ヶ月	4.5 %
80℃	550ヶ月	23 %
常温	1,000ヶ月以上	70 %

　ただし，各温度における寿命時間は，アレニウスプロットであらかじめ求めておく必要がある．

　上述の各値を式(6.7)に代入すると

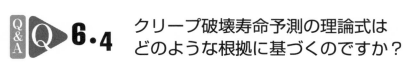

したがって

$$L \fallingdotseq 107ヶ月 （約 9 年）$$

となる．

Q&A Q 6·4　クリープ破壊寿命予測の理論式はどのような根拠に基づくのですか？

　アイリングの速度過程論をもとに誘導した式である[3]．

　アイリングは，アレニウスの反応速度論を物体の破壊の問題に取り入れて，次の式で表した．

$$R = (kT/h)\exp(-\Delta F/kT) \tag{6.8}$$

ここで，R はポテンシャルの山を乗り越える割合，ΔF は活性化エネルギー，k はボルツマン定数，T は絶対温度，h はプランク定数，kT/h は頻度定数である．

　式(6.8)をもとに誘導されたのが次式である．

$$\log t_B = -\log \omega_0 + (\Delta F/2.3kT) - (\alpha\sigma/2.3kT) \tag{6.9}$$

ここで，t_B は破壊するまでの時間，ω_0 は材料の振動数，σ は負荷応力，α は活性化体積（応力 σ を平均応力とした場合，α に微視的な応力集中係数を含ませる）である．

　式(6.9)において温度を一定とすれば変数は σ になるので，次式になる．

$$\log t_B = A - B\sigma \tag{6.10}$$

ただし，A および B は温度に依存する定数である．

また，式(6.9)を次式に書き換えることができる.

$$T(\log t_B + \log \omega_0) = (\Delta F/2.3k) - (\alpha\sigma/2.3kT) \qquad (6.11)$$

式(6.11)は $T(\log t_B + \log \omega_0)$ と σ は負の勾配の直線関係になるというラルソンミラーの予測式になる.

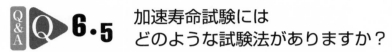

Q6.5 加速寿命試験にはどのような試験法がありますか？

高温加速寿命試験は実用温度範囲で熱処理すると短時間でクラック発生または破壊する特性を利用している. **図6.7**(a)は一定ひずみ下における初期応力とクラック発生時間の概念図である. 同じひずみの存在下では，室温では長時間の t_1 時間でクラックが発生するが，高温では短時間の t_2 時間で発生するので，熱処理をすると短時間でクラック発生の有無を確認できる. 図(b)は一定応力下における応力とクリープ破壊時間の概念図である. 同じ応力の存在下では，室温では長時間の t_1 時間でクリープ破壊するが，高温では短時間の t_2 時間でクリープ破壊するので，熱処理をすると短時間でクラック発生の有無を確認できる.

ヒートサイクル試験は，次のような条件における加速寿命試験に有効である.

図6.8は金属部品とプラスチック部品をボルトで2箇所を締め付けて一体化した製品をヒートサイクル処理する例である. 昇温過程では金属部品がプラスチック部品の熱膨張を拘束することで，図に示すように変形して曲げ応力が発生する. ヒートサイクル処理において繰り返して曲げ応力が負荷されるとク

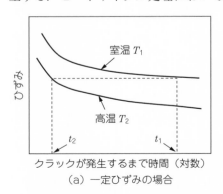

（a）一定ひずみの場合

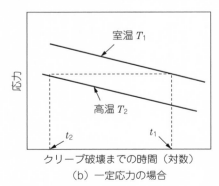

（b）一定応力の場合

図6.7　熱処理によるクラックまたは破壊促進の概念図

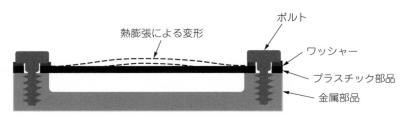

図6.8　プラスチック部品の熱膨張による変形

ラックが発生することがある．

　図6.9は厚肉プラスチック部品をヒートサイクルしたときの様子である．昇温および降温過程では表面層と内部層では温度差が生じる．昇温過程では表面層の熱膨張を内部層が拘束するので，表面層には圧縮応力が，内部層には引張応力が発生する．降温過程では，表面層の熱収縮を内部層が拘束するので表面層には引張応力が，内部層には圧縮応力が発生する．とくに，プラスチックは熱伝導率が低く，線膨張係数が大きいので，ヒートサイクル処理をすると表面層と内部層の温度差によって大きな応力が発生する．このようにヒートサイクル処理によって繰り返して引張応力が作用すると，製品に内在する応力（残留応力，組み立て時の応力）と組み合わさったときにクラックが発生することがある．

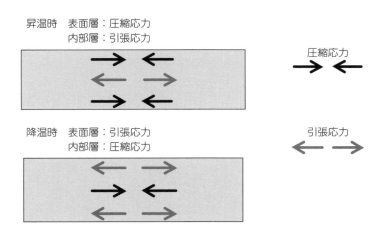

図6.9　ヒートサイクル試験による応力発生概念図

引用文献

1) 旭化成アミダス(株)，プラスチックス編集部共編，プラスチックデータブック，p. 209，
   工業調査会（1999）
2) 高野菊雄編，ポリアセタール樹脂ハンドブック，pp. 171～172，日刊工業新聞社（1992）
3) 成沢郁夫著，高分子材料強度学，pp. 259～263，オーム社（1982）

7

射出成形における
強度への影響要因を
探ろう

 **7-1 射出成形法**

射出成形は,

（成形材料）→加熱・溶融→金型内に射出→冷却

を経て成形品を作る成形法であるが,射出成形の工程は**図 7.1**に示すとおりで

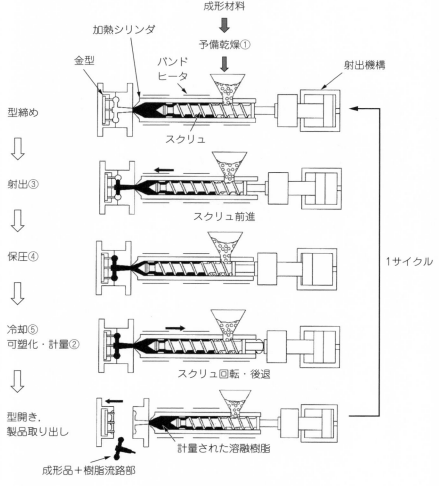

成形材料

予備乾燥①

加熱シリンダ

金型

バンド
ヒータ

射出機構

型締め

スクリュ

射出③

スクリュ前進

保圧④

1サイクル

冷却⑤
可塑化・計量②

スクリュ回転・後退

型開き,
製品取り出し

計量された溶融樹脂

成形品＋樹脂流路部

図 7.1 射出成形工程[1]

ある.

　図に示した用語を説明する.

　「予備乾燥」は成形前に成形不良が発生しない吸水率まで乾燥することである.

　「サイクル」は金型を閉じて成形し，開いて成形品を取り出す成形動作を繰り返すことであり，1サイクルで1ショット［成形品＋樹脂流路部（スプル，ランナ，ゲート）］を成形する.

　「型締め」は金型を閉じて，射出圧に負けて金型が開かないように型締圧をかけることである.

　「可塑化・計量」は成形材料を加熱・溶融（可塑化）させて，スクリュ先端に設定容量（計量値）の溶融樹脂を溜めることである. シリンダに巻かれたバンドヒータからの熱とスクリュ回転によって可塑化し，溶融樹脂を先端に輸送するにつれてスクリュは後退し，計量値に達すると回転を停止する. 図に示すように，次サイクルの成形に備えて，前サイクルの冷却時間において可塑化・計量を並行して行う.

　「射出」は射出圧をかけて金型内に溶融樹脂を送り込むことである.

　「保圧」は保持圧力（holding pressure）の成形略語であり，冷却による樹脂の体積収縮分を補うためにシリンダから金型内に溶融樹脂を送り込むための圧力である.

　「冷却」は金型から成形品を取り出しできる温度まで冷やすことである.

　「型開き，製品取り出し」は型締圧を解放して金型を開き，1ショットを取り出すことである.

　まず，成形に先立って，使用材料に適した乾燥温度，成形温度，金型温度に設定する. 各成形操作は次のとおりである.

① 予備乾燥

　　乾燥装置に成形材料を投入して乾燥する. 乾燥時間の目安は3時間〜4時間である.

② 可塑化・計量

　　設定した成形温度に適したスクリュ回転数に設定する. 計量値は［成形品＋樹脂流路部（スプル，ランナ，ゲート）＋α］の容量に設定する. αは保圧をかけて金型内に送り込むための樹脂容量である.

③ 射出

金型内へ充填可能な射出圧に設定する．設定した射出圧に適した射出
時間と射出速度を設定する．

④ 保圧

成形品に適した保圧に設定する．設定した保圧に適した保圧時間を設
定する．

⑤ 冷却

成形品に適した冷却時間を設定する．

ポイント 7-2 プラスチックで決まる射出成形条件

予備乾燥，成形温度，金型温度がある．表7.1に各種プラスチックに適正な
成形条件範囲を示す．その他の成形条件は成形者が製品に合わせて適切な成形
条件に設定する．

ポイント 7-3 予備乾燥条件

成形材料は保管している間に吸湿する．吸湿したままで成形すると成形不良
が発生する．成形不良が発生しない吸水率（以下限界吸水率という）まで成形
前に乾燥することを予備乾燥という．表7.1に示したように，各プラスチック
に適した予備乾燥条件がある．とくに乾燥温度を適正な条件に設定することが
重要である．

ポイント 7-4 成形温度条件

適正な条件範囲よりも低い成形温度では流動性がよくないため成形が困難で
ある．一方，適正な成形温度範囲よりも高い成形温度では加熱シリンダ内で滞
留している間に熱分解しやすくなるので，表7.1に示した成形温度範囲で成形
する必要がある．

表7.1　各種プラスチックの予備乾燥，成形温度，金型温度*

分類		予備乾燥		成形温度 (℃)	金型温度 (℃)
		温度（℃）	時間（hr）		
汎用プラ	PS	75～80	2～4	170～280	20～70
	ABS	80～100	2～4	180～270	40～80
	PMMA	70～100	2～4	170～270	20～90
	PE	不要		180～280	20～60
	PP	不要		180～280	20～60
	PVC　硬質	80～120	2～4	160～200	20～60
	軟質	50～80	2～4	150～200	20～40
汎用エンプラ	PA　6	80～100	3～4(真空)	230～290	60～100
	66	80～100	3～4(真空)	250～300	60～100
	PC	120～125	3～4	250～320	70～120
	変性PPE	80～120	3～4	240～320	70～120
	POM	80～90	3～4	175～210	60～100
	PBT	120～124	3～4	230～270	70～120
スーパーエンプラ	PAR	100～140	3～4	250～350	70～140
	PPS	120～140	3～4	310～350	120～150
	PSU	145～160	3～4	340～370	80～150
	PEEK	150	3～4	365～420	120～170
	LCP	120～160	3～4	285～360	100～280
	PAI	120～150	3～4	340～370	200

* 使用するプラスチックの品種，乾燥装置，射出成形機の特性によって異なるので，条件は目安である.

ポイント 7-5　金型温度条件

　適正な金型温度範囲よりも低い金型温度で成形すると残留ひずみ（冷却ひずみ➡Q8·1）が発生しやすくなる．また，結晶性プラスチックでは結晶化度も低くなる．一方，適正な金型温度範囲より高い金型温度では冷却に時間を要するので成形サイクルが長くなる．したがって，表7.1に示した金型温度範囲で成形する必要がある．

ポイント 7-6　加熱シリンダ内での分解

　次の条件では分解し成形不良が発生するとともに強度も低下する．
① 成形温度が高過ぎる条件やシリンダ内の滞留時間が長過ぎる条件では熱分解する．
② 予備乾燥条件が不適で限界吸水率以上であると加水分解する（PC，PBT，PET，PAR など）．

ポイント 7-7　強度低下に影響する異物

　異物は応力集中源になるので強度低下につながる．成形品には次の異物が混入することがある．
① 乾燥や成形工程で混入した他樹脂や異物
② スクリュおよび逆流防止弁の破損により生じた金属異物
③ 可塑化が不十分であるときに発生する未溶融樹脂

ポイント 7-8　成形工程で形成される高次構造

　成形過程で形成される微細構造を高次構造（または2次構造）という．高次構造には分子配向，繊維配向，結晶化度などがある．プラスチック製品の強度は高次構造によっても変化する．

ポイント 7-9　分子配向現象

　溶融ポリマーは無応力の下では丸まった形態（ランダムコイル）をとる性質がある．図 7.2 に示すように，ランダムコイルにせん断力が作用すると応力の方向に引き伸ばされる．この状態で固化すると分子配向となる（➡ Q7·5）．

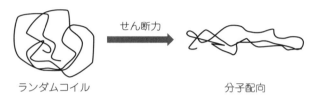

ランダムコイル　　　　　　　　　分子配向

図 7.2　せん断力による分子配向

ポイント 7-10　分子配向と強度

　図 7.3 に示すように，分子配向に平行方向の強度は高くなるが垂直方向は低くなる．分子配向は製品肉厚が薄くなるほど顕著になる．

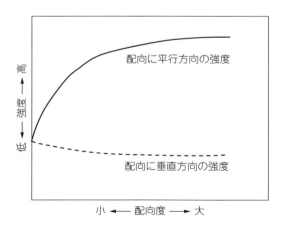

図 7.3　分子配向と強度の異方性（概念図）

ポイント 7-11　　繊維配向現象

　溶融状態では繊維はランダムに分散しているが，射出過程で繊維が一方向に規則的に配列することを繊維配向という（➡ Q7·7）．射出成形品の繊維配向を**図7.4**に示す．図のように，表面層近傍のせん断力を受ける層（せん断流動層）では流動に平行方向に配向し，せん断力の影響を受けない内部コア層では引き伸されるように流動（伸長流動）するので，流動に対し垂直方向に配向する．ただし，金型面と接する両表面層は充填直後に急冷されるので無配向層となる．

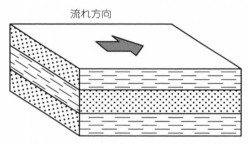

流れ方向

図7.4　射出成形における繊維配向（概念図）

ポイント 7-12　　繊維配向と強度

　繊維配向すると強度に異方性が生じる．**図7.5**は平板成形品（サイドゲート方式）から引張試験片を切り出して引張強度を測定したときの概念図である．強度は流動に平行（0°）方向＞45°方向＞90°方向の順に低くなる．肉厚が薄いほどせん断流動の影響が大きくなるので，この傾向はより顕著になる．

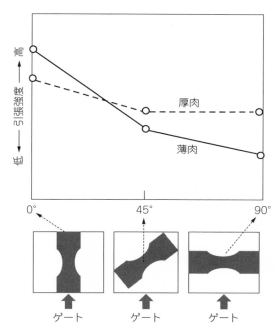

図 7.5　ガラス繊維強化品の切り出し方向と強度（概念図）

7-13　成形条件と結晶化度

　結晶化度は金型温度によって変化する．**図7.6**のように金型温度が高いほど型内でゆっくり冷却するので結晶化度は高くなる．また，成形温度も高いほど結晶化度は高くなる傾向がある．

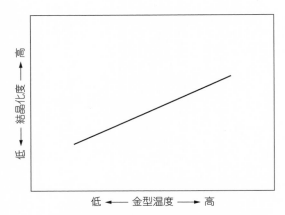

図 7.6　金型温度と結晶化度（概念図）

ポイント **7-14　結晶化度と強度**

　図 7.7 に示すように結晶化度が高いほど強度や弾性率は高くなる．結晶化度が低いと引張強度や弾性率が低くなるが，衝撃強度は高くなる傾向がある．ただし，結晶化度が低いと成形後においても結晶化が進行するので，後に寸法変化しやすいことに注意しなければならない．

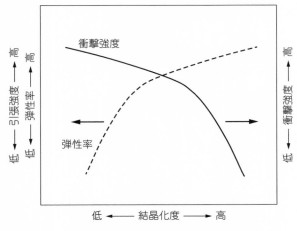

図 7.7　結晶化度と強度（概念図）

ポイント 7-15　再生材の使用

　成形品以外の部分（スプル，ランナ）や再使用可能な成形不良品を再生材として再成形する．再生材は次のように再使用される．
　①　機械的に粉砕して，そのまま成形する．
　②　粉砕品を押出機で溶融して成形材料（ペレット）に再加工して成形する．

ポイント 7-16　再生材使用と強度低下

　再生材使用に関連する強度低下には次の要因がある．
　①　再生を繰り返したことによる熱分解や加水分解（PC，PBT，PET，PAR など）
　②　異物の混入
　③　繊維強化材料では，可塑化するときのせん断力による繊維破砕
　④　新材に対する再生材混合比率が高い場合

Q7·1　最適予備乾燥条件は どのように決まりますか？

　成形材料の乾燥曲線を**図7.8**に示す．乾燥温度が高いほど乾燥効果は大きく平衡吸水率は低くなる．ただし乾燥温度が高過ぎると軟化して材料同士が融着するので，融着しない上限温度が最適乾燥温度となる．各プラスチックの最適乾燥温度は表7.1に示したとおりである．限界吸水率まで乾燥するのに要する時間は各プラスチックともほぼ同じである．

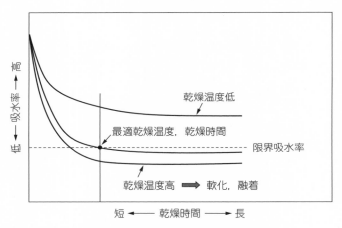

図7.8　成形材料の乾燥曲線（概念図）

Q7·2　予備乾燥が不足すると強度低下するのは どのようなプラスチックですか？

　加水分解は水分によって化学的に分解する現象である．どのプラスチックでも若干は分解するが，PC，PBT，PET，PARなど分子鎖中にエステル結合を有するプラスチックは水分が存在すると通常の成形温度においても顕著な加水分解が起きる．**図7.9**に示すように成形温度と水分によってエステル結合が加水分解し，分解ガスが発生するとともに分子切断して分子量が低下する．

　予備乾燥が不十分であると初期症状として分解ガスによって銀条（シルバーストリーク）不良（**図7.10**）が発生し，さらに加水分解すると分子量が大きく

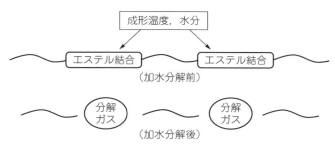

図7.9　予備乾燥不足による加水分解の概念図

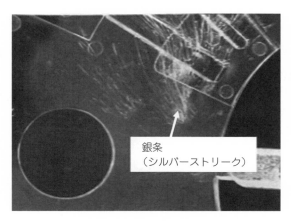

図7.10　銀条不良

低下して強度が低くなる．通常は加水分解すると銀条不良が先行して発生するので，その様子を見ながら予備乾燥を適正条件に調整することで分子量低下を防止できる．

Q 7·3　シリンダ内の熱分解はどのようなときに起きますか？

　材料（ペレット）間の空隙には空気（酸素）が存在し，材料内部にも微量の酸素が溶存している．成形時の熱と酸素によって熱分解（熱酸化分解）が進行する．熱分解には成形温度（樹脂温度）とシリンダ内での滞留時間が影響する．成形温度が高いと滞留時間が短くても熱分解するが，低くても滞留時間が長い

と熱分解する．ここで，滞留時間はシリンダ内に材料が滞在する時間であるが，局部的な滞留部があるとさらに長くなる．

　成形温度は使用材料によって適正な条件範囲（表 7.1）に設定するが，実際の樹脂温度とは異なることに注意しなければならない．スクリュで可塑化するときにはせん断熱が発生するので，成形温度（設定温度）より樹脂温度は10℃〜20℃高くなる．スクリュ回転速度が速いと樹脂温度はさらに高くなることもある．樹脂温度が高過ぎると熱分解しやすくなる．

　滞留時間は材料がシリンダ内に滞在する時間であるが，成形サイクルが長過ぎる場合，成形品総質量（ショット質量）に対し射出成形機の容量が大き過ぎる場合，シリンダ内に局部的な滞留部がある場合などでは滞留時間が長くなるために熱分解しやすいので注意しなければならない．

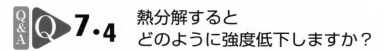

Q&A Q 7.4　熱分解すると どのように強度低下しますか？

　射出成形における熱分解の進行過程を図 7.11 に示す．シリンダ内で熱分解が進行すると初期症状として色相変化，銀条，気泡（バブル）などの不良現象が表れる．さらに分解すると分子量が低下して強度が低くなる．通常はこれらの不良現象が生じた時点で成形条件の調整や滞留部をなくするため，強度低下に至るケースは比較的少ない．

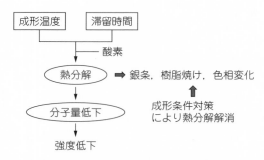

図 7.11　熱分解による強度低下（概念図）

Q **7·5** 分子配向はどのような機構で起きますか？

　型内流動における分子配向機構を図7.12に示す．図(a)に示すように，先に流入した溶融樹脂は金型壁面に接すると急冷されて固化層（非流動層）を形成し，後から流入した溶融樹脂は流動先端に向かって噴水が湧き出すように流れる．このような流れ方をファウンテンフローという．固化層と流動層の間ではせん断流動となるためせん断力が発生する．図(b)に示すようにせん断流動層ではせん断力が作用するためランダムコイルポリマーは流動方向に分子配向する．分子配向したままで急冷・固化するとランダムコイルに復元できず，分子配向はそのまま凍結される．一方，せん断力を受けない内側の流動層ではポリマーは自由に熱運動できるのでほとんど緩和してランダムコイル形態に復元するため無配向層となる．また，型壁面と接する両表面近傍では急冷されるため

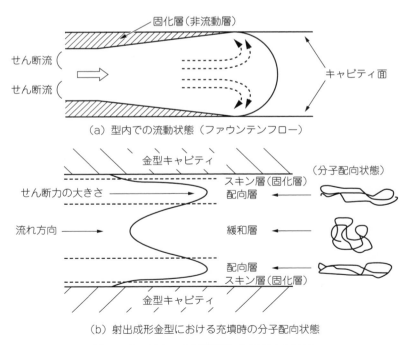

（a）型内での流動状態（ファウンテンフロー）

（b）射出成形金型における充填時の分子配向状態

図7.12　射出，保圧過程における分子配向

無配向固化層（スキン層）となる．各層厚みや分子配向度は材料の応力緩和特性や溶融粘度，製品肉厚，成形条件などによって変化する．

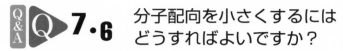

Q 7.6　分子配向を小さくするには どうすればよいですか？

基本的には流動過程で発生するせん断力をできるだけ小さくする条件で成形する．そのための成形対策は次のとおりである．

① 成形温度を高くする（溶融粘度を低くすることでせん断力を小さくする）．

② 射出圧や保圧を低くする（せん断力を小さくする）．

③ 低粘度材料を使用する（溶融粘度を低くすることでせん断力を小さくする）．

④ 製品肉厚は厚いほうがよい（せん断力を小さくする）．

Q 7.7　繊維配向はどのような機構で 起きますか？

図7.13に繊維配向機構を示す．せん断流動層ではせん断力によって繊維は回転モーメントを受けるので流動に平行方向に配向する．一方，せん断力を受けないコア層では，ゲートから拡大，伸長しながら流動（伸長流動）するので繊維は流動方向に垂直に伸長力を受けながら流動する．そのため流動方向に垂

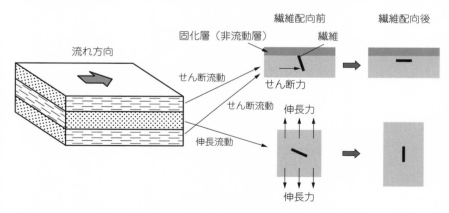

図7.13　射出成形における繊維配向原理（概念図）

直に繊維配向する．また，型壁面近傍では急冷されるため無配向固化層（スキン層）を形成する．

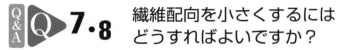

7·8　繊維配向を小さくするにはどうすればよいですか？

成形条件で繊維配向を解消することは困難であるので，ゲート方式やゲート位置の選定によって対策する．

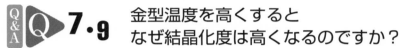

7·9　金型温度を高くするとなぜ結晶化度は高くなるのですか？

溶融状態では結晶は融解するのでランダムコイルの形態をとっている．型内の冷却過程ではポリマーは部分的に規則的に配列して結晶相を形成する（➡ Q2·5）．ランダムコイルから結晶構造にシフトするには時間を要する．型内での冷却速度が速いと結晶が十分に生成されないで固化するので結晶化度は低くなる．金型温度を高くして冷却速度を遅くすると結晶が生成しやすいので結晶化度は高くなる．

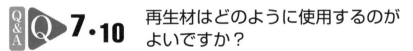

7·10　再生材はどのように使用するのがよいですか？

新材（バージン材）に対し再生材を 30 wt％以下の比率で混合して使用する

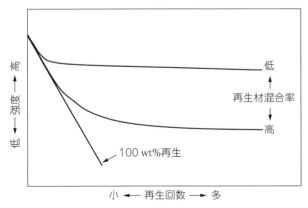

図 7.14　再生材の混合率と強度低下（概念図）

方法が推奨される．再生材使用による強度低下の概念を**図7.14**に示す．100 wt％再生材を使用する場合は，繰り返し再生とともに物性が低下する．新材に再生材を一定の比率で混合する方法では，繰り返し回数の多い再生成分は成形品のほうに一定の比率で出て行くので物性は直線的には低下せず，理論的には一定の値に収斂する．

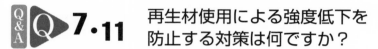

Q 7·11 再生材使用による強度低下を防止する対策は何ですか？

　再生材使用による強度低下要因には再生繰り返しによる分解，再生材への異物混入，繊維強化材料の繊維破砕などがある．それぞれの要因について対策を**表7.2**にまとめた．

表7.2　再生材使用による強度低下対策

要因	不具合	対策
樹脂分解 （熱分解，加水分解）	分子量低下による強度低下	・再生材の混入比率を 30 wt％以下にする ・予備乾燥の実施
繊維強化材料の繊維破砕	短繊維化による強度低下	・再生材の混入比率を 30 wt％以下にする
異物の混入	応力集中による強度低下	・再生材に異物が混入しないように管理
	異樹脂，離型剤などの混入による成形時の熱分解促進	

引用文献

1）本間精一著，Q&A によるプラスチック全書—射出成形，二次加工，材料，強度設計，トラブル対策，p.3，エヌ・ティー・エス（2020）

8

残留ひずみの
悪さを知ろう

ポイント 8-1　残留ひずみと残留応力

　成形工程で発生した弾性ひずみ（➡ポイント 2-1）が残留すると残留ひずみとなる．残留ひずみと残留応力の関係は，フックの法則が成り立つときには次式で表される．

$$\sigma = E \times \varepsilon \tag{8.1}$$

ここで，σ は残留応力（MPa），E は弾性率（MPa），ε は残留ひずみである．

　上式からわかるように残留ひずみが同じでも残留応力は弾性率の値によって変化する．弾性率は材料の特性値であるので，残留ひずみが同じ場合，弾性率が高い材料は残留応力が大きくなる．

　一般的に成形に関する記述では残留ひずみと表現するが，クラック発生原因を究明するときには応力の値が問題になるので残留応力と表現することが多い．

　また，プラスチックは引張応力でクラックが発生するので，残留応力は引張の残留応力を意味する．同様に，残留ひずみも引張の残留ひずみを意味する．

ポイント 8-2　時間経過と残留応力

　残留ひずみは一定のひずみが残留している状態であるので，粘性ひずみが増加するにつれて弾性ひずみは小さくなる（➡ポイント 2-3）．そのため，成形時に発生した残留応力（初期応力）は時間が経つと応力緩和分だけ減少する．図 8.1 に示すように応力緩和特性はプラスチックの種類によって異なるので，応力緩和しにくいプラスチックほど大きな応力が残留することになる．

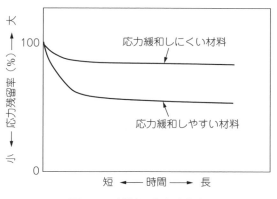

図 8.1　材料と応力残留率

8-3　残留ひずみの種類

　射出成形工程および 2 次加工工程で発生する残留ひずみの種類を**図 8.2**に示す．図に示すように，

　・射出過程および保圧過程では分子配向ひずみが発生する．

　・保圧過程から冷却過程では冷却ひずみやインサートひずみが発生する．

　・2 次加工するときには熱ひずみが発生する．

　ただし，残留ひずみに関する用語には定義がないので，本書で用いている分子配向ひずみ，冷却ひずみ，インサートひずみ，熱ひずみなどの用語は便宜的なものである．

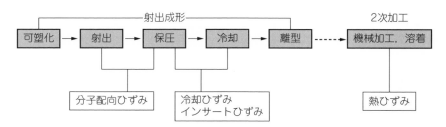

図 8.2　射出成形および 2 次加工における残留ひずみ

ポイント 8-4　残留ひずみと製品不具合

　表8.1に発生する不具合を示す．残留ひずみによって，いろいろな製品不具合が発生することがわかる．

表8.1　残留ひずみの種類と製品不具合

残留ひずみの種類*	製品不具合
分子配向ひずみ	・光学ひずみ（透明品） ・強度，加熱収縮の異方性
冷却ひずみ	・クラック発生 ・そり，寸法安定性低下 ・光学ひずみ（透明品）
インサートひずみ	・クラック発生
熱ひずみ	・クラック発生

* 定義された用語ではない．

ポイント 8-5　分子配向ひずみの発生原理

　無応力下では溶融ポリマーは丸まった形態（ランダムコイル）をとる性質がある．射出や保圧の流動過程ではせん断力によってランダムコイルが応力方向に引き伸ばされる．この現象が分子配向である．分子配向は溶融状態ではランダムコイルの形態に復元するが，型内で急冷されるとポリマーの熱運動は抑制されるのでランダムコイルに復元できず分子配向ひずみとして残留する（➡ Q7·5）．

ポイント 8-6　冷却ひずみの発生原理

　保圧および冷却過程において冷却するときに生じる残留ひずみである．型内で冷却するときに局部的な成形収縮率差があると成形収縮率が大きい部分の寸法は小さくなり，成形収縮率が小さな部分の寸法は大きくなる．このように1

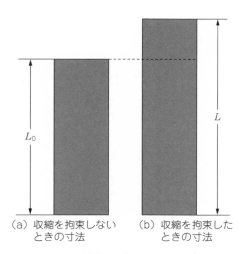

（a）収縮を拘束しない
ときの寸法　　　（b）収縮を拘束した
ときの寸法

図8.3　残留ひずみの発生モデル

つの成形品の中で寸法差があると冷却ひずみが発生する（➡ Q8·1）.

例えば，**図8.3**(a)に示すように寸法 L_0 まで本来は成形収縮すべきものが，成形収縮を拘束されたため図(b)のように寸法 L で成形されたとすると，引張の残留ひずみは次式になる.

$$\varepsilon = \frac{L - L_0}{L_0} \tag{8.2}$$

ここで，ε は冷却ひずみ（引張），L_0 は成形収縮が拘束されないときの寸法，L は成形収縮が拘束されたときの寸法である. このときの初期残留応力は $E \times \varepsilon$（E は引張弾性率）となる.

ポイント 8-7　インサート残留ひずみの発生原理

成形過程における金具とプラスチックの熱収縮差によって発生するのがインサート残留ひずみである（➡ Q8·3）

表8.2に示すように，プラスチックに比較して金具（鉄，銅，アルミニウムなど）の線膨張係数は小さい. **図8.4**(a)のように金具がなければ熱収縮して穴径 D_0 まで収縮する. しかし，図(b)のように金具があると熱収縮できず金具径 D_1 となる. その結果，次式で示す残留ひずみが発生する.

表8.2　線膨張係数

材料		線膨張係数 $[10^{-5}(\text{mm/mm})/℃]$
プラスチック		7.0～20.0
金属	鉄	1.6～2.4
	銅	1.9
	アルミニウム	2.4

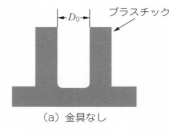
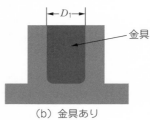

（a）金具なし　　　　（b）金具あり

図8.4　インサート金具の有無と熱収縮

$$\varepsilon = \frac{D_1 - D_0}{D_0} \tag{8.3}$$

ここで，ε はインサート残留ひずみ（引張），D_0 はインサート金具がないときの寸法，D_1 はインサート金具があるときの寸法である．

ポイント 8-8　熱ひずみの発生原理

　熱ひずみは機械加工面や溶着面で局部的に発熱した層（溶融層）と発熱していない層（非溶融層）の間の収縮差によって生じる（➡Q8・4）．熱ひずみの発生原理は冷却ひずみとほぼ同じである．

　機械加工にはゲート仕上げ，タップねじ加工，穴開け，切断，バフかけなどがある．機械加工するときに摩擦熱やせん断熱によって加工面が局部的に溶融すると，溶融層と非溶融層の熱収縮差が生じるので熱ひずみが発生する．また，

成形品同士を溶着するときに溶着面のみ局部的に溶融させるので溶着層と非溶融層の熱収縮差による熱ひずみが発生する．溶着法には溶接，熱板溶着，高周波溶着，超音波溶着，回転摩擦溶着，振動溶着，レーザー溶着などがある．

ポイント **8-9**　残留ひずみの測定法

表 8.3 に示すように光学的測定法，化学的測定法，応力解放法などがある（→ Q10·9）．それぞれ長所と短所があり万能な測定法はないので，プラスチックの特性や残留ひずみの種類によって使い分ける必要がある．

表 8.3　残留ひずみの測定法

分類	方法	器具，装置	長所	短所
光学的測定法	光弾性縞観察法	偏光板	目視検査が容易 複雑形状も可能 分子配向ひずみ測定が容易 非破壊測定	透明材に限る 応力の定量測定が不可
	複屈折測定法	エリプソメーター	定量測定可能 分子配向ひずみ測定が容易 非破壊測定	透明材に限る 形状制約
化学的測定法	溶剤浸漬法	混合溶剤	目視検査が容易 応力測定可	材料が限定 環境安全対策を要す 破壊測定
応力解放法	加熱法	オーブン	目視検査または寸法測定が容易 相対比較に適す	応力測定不可 破壊測定
	試片削除法	機械切削	目視検査または寸法測定が容易 相対比較に適す	応力測定不可 形状制約 破壊測定
	穿孔法	HDM (hole-drilling method)	応力測定可	測定にスキルを要す 形状制約 測定実績少 破壊測定

ポイント 8-10 アニール処理による残留応力の低減

　残留応力は一定ひずみによる応力であるので，時間が経過すると緩和して応力が低減する．その場合，温度が高いほど応力緩和しやすくなるので応力の低減効果は大きくなる．図8.5は応力残留率に対する温度の影響である．高温で熱処理するほど残留応力の低減効果は大きいことがわかる．ただし，温度が高過ぎると成形品が変形するので，変形しない程度の上限温度が最適アニール温度である．

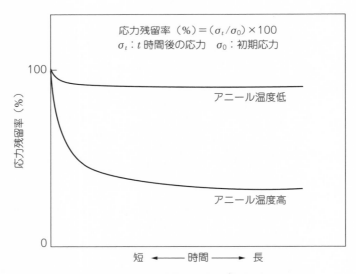

図8.5　アニール温度と残留応力低減効果

ポイント 8-11 アニール処理の必要性

　設計や成形条件で残留ひずみを低減できないときに，次善の策としてアニール処理する．
　アニール処理を必要とするのは，次のケースがある．
　① 接着，塗装，印刷，めっき処理などでは，溶剤類によるケミカルクラッ

クを防止するために行う.

② 大口径丸棒や厚板の押出成形では大きなひずみが残留することが避けられない. そのまま切削加工すると割れることがあるので, 事前にアニール処理する.

③ 結晶性プラスチックでは成形品寸法を安定化するために行う.

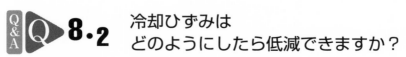

Q8.1 冷却ひずみは どのような機構で発生しますか？

型内の冷却過程では，次の成形収縮挙動を示す．

① 型内圧が高い部分の成形収縮率は小さく，低い部分は大きくなる．

② 型内で速く冷却する部分の成形収縮率は小さく，遅い部分は大きくなる．結晶性プラスチックではこの傾向は顕著である．

1つの成形品の中で成形収縮率に差があるときの概念を図8.6に示す．図で成形収縮率の小さい部分に圧縮変形がなく，成形収縮率の大きい部分がδだけ引っ張られたと仮定すると，引張の残留ひずみεは次式になる．

$$\varepsilon = \frac{\delta}{L} \tag{8.4}$$

また，そのときの残留応力σはフックの法則が成り立つとすると次式となる．

$$\sigma = E \times \varepsilon \tag{8.5}$$

ここで，Eはヤング率（引張弾性率）である．

成形収縮率が均一であればδはゼロであるから残留ひずみは発生しない．実際の射出成形では成形収縮率差が生じることは避けられないので，大なり小なり冷却ひずみが発生する．冷却ひずみ（残留応力）は時間が経つと応力緩和して減少する特性がある．

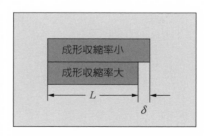

図 8.6　冷却ひずみ発生の概念図

Q8.2 冷却ひずみは どのようにしたら低減できますか？

設計・金型設計では次の対策がある．

① 等速で冷却するように均一肉厚に設計する．また，コーナにはアールを付ける．

② キャビティ内圧が可能な限り均等圧力になるように，最適なゲート方式や位置を選定する．

③ できるだけ等速で冷却するように金型温調回路を設計する．

成形条件では，次の対策がある．

① 金型温度を高くして残留ひずみ（弾性ひずみ）を緩和させる．

② 保圧を低くしてゲート近傍と流動末端での型内圧差を小さくする．

設計や成形条件で解消できないときには，成形後にアニール処理をする．

Q&A Q 8·3 インサート残留ひずみはどのような機構で発生しますか？

インサート金具周りに発生する残留ひずみは

残留ひずみ＝（プラスチックの熱収縮率）－（金具の熱収縮率）

であるから次式になる．

$$\varepsilon = \alpha_p (T_2 - T_1) - \alpha_m (T_2' - T_1) \tag{8.6}$$

ここで，ε はインサート残留ひずみ，α_p はプラスチックの線膨張係数 [(mm/mm)/℃]，T_2 はプラスチックの固化温度（℃）（非晶性プラスチックはガラス転移温度，結晶性プラスチックは結晶化温度），T_1 は室温（℃），α_m は金具の線膨張係数 [(mm/mm)/℃]，T_2' は金具を予備加熱したときの温度（℃）である．

上式において，金具に線膨張係数 α_m の大きい材質（例えばアルミニウム）を使えば残留ひずみは小さくなる．また，金具を予熱すると $(T_2' - T_1)$ は大きくなるので残留ひずみ ε は小さくなる．

残留応力はフックの法則が成り立つとすると次式になる．

$$\sigma = E \times \varepsilon \tag{8.7}$$

ここで，σ は残留応力，E はヤング率（引張弾性率），ε は残留ひずみである．

しかし，**図8.7**のように円柱状金具インサートでは残留応力は金具と接する界面で，次式に示す周方向の最大引張残留応力が発生する．

$$\sigma_{max} = \frac{E \times [\alpha_p (T_2 - T_1) - \alpha_m (T_2' - T_1)]}{1 + (\nu / W)} \tag{8.8}$$

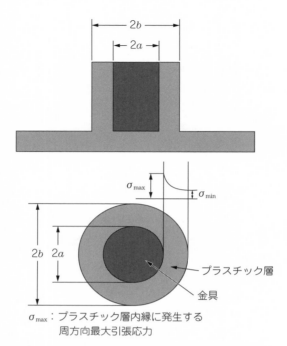

$\sigma_{\max}$：プラスチック層内縁に発生する
周方向最大引張応力

図 8.7 円柱状金具インサート周りの残留応力

ここで，ν はポアソン比，W は形状係数 $[(b/a)^2 + 1]/[(b/a)^2 - 1]$ である．形状係数 W については (b/a) が 1 に近づくほど大きくなるので，残留応力 $\sigma_{\max}$ は大きくなる．言い換えれば $(b-a)$ は金具周りの肉厚であるから，肉厚が薄くなると (b/a) は 1 に近づくので残留応力は大きくなる．

Q 8.4 熱ひずみは どのような機構で発生しますか？

　熱板溶着，超音波溶着，レーザー溶着などの溶着では，**図 8.8**(a) のように溶着面のみが選択的に溶融して溶着する．溶融層は冷却するにつれて熱収縮する．溶融層と非溶融層の間で収縮差を生じるので熱ひずみになる．

　非溶融層によって溶融層の熱収縮が拘束されたとすると収縮差による熱ひずみは次式で表される．

$$\varepsilon = \alpha_{\mathrm{p}}(T_2 - T_1) \tag{8.9}$$

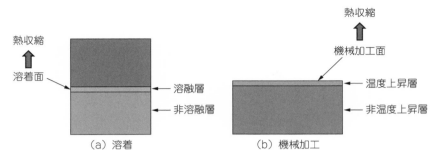

図8.8　溶融層と非溶融層の収縮差による熱ひずみ

ここで，ε は熱ひずみ，α_p はプラスチックの線膨張係数〔(mm/mm)/℃〕，T_2 はプラスチックの固化温度（℃）（非晶性プラスチックはガラス転移温度，結晶性プラスチックは結晶化温度），T_1 は室温（℃）である．

　したがって，熱ひずみによる残留応力（初期応力）は次式で表される．

$$\sigma = E \times \alpha_p (T_2 - T_1) \tag{8.10}$$

ここで，σ は残留応力（初期応力），E はヤング率である．

　穴あけ，切断，バフ掛けなどの機械加工では，図(b)のように摩擦熱やせん断熱によって加工面が温度上昇する．過度に温度上昇した場合には，冷却するにつれて熱収縮するので，式(8.9)，式(8.10)と同様に非温度上昇層と温度上昇層の間で熱収縮差による熱ひずみが発生する．溶着も同様な原理で残留ひずみが発生する．

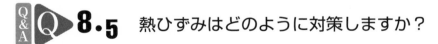

熱ひずみはどのように対策しますか？

　加工面の発熱をできるだけ抑えるように加工条件を選定する．溶着や機械加工における発熱の原因と対策は**表8.4**のとおりである．

表8.4　熱ひずみの発生原因と対策

方法	原因	対策
溶着	溶着面を過度に溶融した．	溶着条件の適正化 （溶着時間，加圧力など）
ドリル穴加工 タップねじ加工	加工条件が不適のため，せん断熱，摩擦熱が過度に発生した．	鋭利な工具を使用する． 錐の回転速度，送り速度の適正化
のこぎり切断	加工条件が不適のため，せん断熱，摩擦熱が過度に発生した．	鋭利なのこぎり刃を使用する．
バフ掛け	加工条件が不適のため，摩擦熱が過度に発生した．	表面が溶融するように過度にバフがけしない．

Q&A Q 8・6　アニール処理は何度で行うのがよいですか？

　アニール処理温度が高いほど残留応力の低減効果は大きいが，高過ぎると成形品が変形しやすくなる．そのため，アニール処理温度は成形品が変形しない上限温度で処理する．

　非晶性プラスチックと結晶性プラスチックではアニール処理温度の設定は異なる．処理温度の目安は次のとおりである．

　非晶性プラスチックのアニール温度は，荷重たわみ温度（1.8 MPa）より5℃〜10℃低い温度，またはガラス転移温度より20℃〜30℃低い温度が適している．

　結晶性プラスチックでは寸法を安定化するときには実際に使用する最高温度より10℃〜20℃高い温度で処理する．残留ひずみを低減するときには結晶化温度で処理する．

Q&A Q 8・7　アニール処理は何時間行えばよいですか？

　成形品厚みが1 mm〜3 mm程度であれば2 hr〜3 hrアニール処理をすればよい．肉厚が厚くなるとアニール処理時間を長くする必要がある．

　通常は室温の成形品を高温炉に入れてアニール処理するのが一般的である．

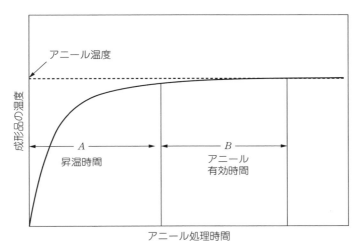

図 8.9　アニール処理時間の概念図

その場合，**図 8.9** に示すように，アニール処理時間は昇温時間 A とアニール有効時間（応力緩和時間）B の和になる．成形品の肉厚が厚いほど昇温時間 A が長くなるのでアニール処理時間は長くなる．

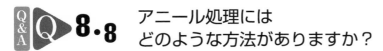

Q8・8　アニール処理にはどのような方法がありますか？

　熱風加熱炉，オイルバスまたはソルトバス，熱水槽，遠赤外加熱炉などを用いる．それぞれの方法の特徴は**表 8.5** のとおりである．

表 8.5　アニール方法と特徴

方法	特徴
熱風加熱炉	一般的なアニール方法．熱酸化による色相変化に注意．
オイルバス ソルトバス	大口径丸棒，厚板などをアニールするのに適する．熱媒中であるので熱酸化が起こりにくい．
熱水槽	PA6，PA66 などのアニールに用いる． （吸水による結晶化促進，残留ひずみの低減）
遠赤外線加熱炉	成形品の昇温速度が速いので，アニール時間を短縮できる．

Q&A Q 8.9 アニール処理ではどのようなことに注意する必要がありますか？

次のことに注意する.

① 成形時の残留ひずみと2次加工の熱ひずみを同時に低減するため，2次加工後にアニール処理をする.

② 厚肉製品で，アニール温度が約150℃を超える場合にはアニール温度まで段階的に昇温し，降温するときも段階的に冷却するほうがよい.

③ アニール工程で加熱収縮することを留意する. 非晶性プラスチックでは約0.1％～0.2％収縮する. 結晶性プラスチックでは成形条件（金型温度）によって加熱収縮率は変化する. 金型温度が低いと加熱収縮率は大きくなる傾向がある.

④ アニール処理すると硬く脆くなる傾向がある.

Q&A Q 8.10 アニール処理で除去できない残留ひずみはありますか？

分子配向ひずみやインサート成形品の残留ひずみは通常のアニール処理では低減できない. アニール処理でひずみを低減できない理由を**表8.6**に示す.

表8.6 残留ひずみとアニール効果

残留ひずみの種類	アニールの可否	理由
分子配向ひずみ	×	分子配向ひずみが発生した温度でなければアニール効果はない.
冷却ひずみ	○	
インサート残留ひずみ	×	昇温すると残留ひずみは少なくなり，冷却すると発生する.
熱ひずみ	○	

9

よりよい製品設計を
するには

ポイント 9-1　材料選定の着眼点

（1）製品要求強度と材料強度

　製品要求強度と材料強度の関係を**図9.1**に示す．材料強度には静的強度，衝撃強度，クリープ破壊強度，疲労強度，クラックが発生しない限界応力などがあるが，各製品要求に対して強度がすべて優れたプラスチックはない．製品の要求に応じて適切なプラスチックを選定しなければならない．

（2）製品の耐熱要求と材料の耐熱物性

　製品の耐熱要求と材料の耐熱物性の関係を**表9.1**に示す．製品の耐熱要求に対し耐熱物性を有する材料を選定する必要がある．

（3）非晶性プラスチックと結晶性プラスチック

　非晶性プラスチックと結晶性プラスチックの特性比較を**表9.2**に示す．非晶性プラスチックは透明性，寸法精度，寸法安定性が優れているが耐ストレスクラック性や耐ケミカルクラック性，耐疲労性は低い．逆に，結晶性プラスチックは耐ストレスクラック性や耐ケミカルクラック性，耐疲労性は優れているが，透明性，寸法精度，寸法安定性はよくない．このように両プラスチックでは基

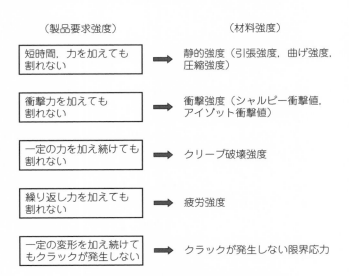

図9.1　製品の要求強度と材料強度

表 9.1　製品の耐熱要求と材料物性

製品の耐熱要求	材料耐熱物性
無荷重で短時間，高温に曝される用途	荷重たわみ温度 ビカット軟化温度 ボールプレッシャー温度 ヒートサグ温度
高温で荷重が負荷されるときの破壊や変形が問題になる用途	静的強度-温度特性 衝撃強度-温度特性 クリープ破壊強度-温度特性 クリープひずみ-温度特性 疲労強度-温度特性
長時間，高温で使用されるときの熱劣化が問題になる用途	UL の相対温度指数（RTI） 電気用品安全法「プラスチック使用温度の上限値」

表 9.2　非晶性プラチックと結晶性プラスチックの特性比較
（一般的比較であり例外もある）

項目	非晶性プラスチック	結晶性プラスチック
透明性	透明*	半透明，不透明
成形収縮率	小（0.4 %〜0.8 %）	大（1.5 %〜2.5 %）
寸法精度	よい	よくない
寸法安定性	よい	よくない
耐薬品性	よくない	よい
耐ストレスクラック性	よくない	よい
耐ケミカルクラック性	よくない	よい
耐疲労性	よくない	よい

* 自然色品（PS-HI，ABS，変性 PPE などのポリマーアロイを除く）

本特性が異なるので，製品の要求に応じて適切な系統のプラスチックを選定する必要がある．

（4）際立って優れた特性を有するプラスチック

　表 9.3 に際立って優れた特性を有するプラスチックを示す．分子構造や材料変性によって，このような優れた性能・機能を発揮するプラスチックがある．

表 9.3　際立った特性を有するプラスチック例

特性	際立った特性を有するプラスチック例
低比重	PMP (TPX), PP, PE
高強度，高弾性率	繊維強化材料
耐衝撃性	PC, 低密度 PE, 超高分子量 PE, PS-HI, ABS, ゴム系アロイ PA
耐疲労性	PEEK, PPS, PA, POM, PBT
耐熱性	スーパーエンプラ, 半芳香族 PA
耐寒性（低脆化温度）	PE, PC, PSU, PES
耐摩擦摩耗性	PFA, POM, PA, PPS
良透明性	PMMA, PS, PC, COP, COC
耐候性	PMMA, PFA
難燃性	PVC, PFA, PPS, PES, PEEK, LCP, PEI, PAI, PI
耐薬品性	PPS, PEEK, PAI, LCP, PFA

製品要求に対応してそれぞれの優れた性能・機能に注目して適切なプラスチックを選定する．

ポイント 9-2　強度設計の留意点

次のことを留意する．

① フックの弾性限度範囲が狭いので，材料力学計算や CAE 構造解析結果では誤差が生じやすいことを考慮しなければならない．

② 設計データ（許容応力，ヤング率，ポアソン比）が必要である．

③ クラック発生率や脆性破壊率はばらつきが大きいので，安全率を考慮して設計する．

④ 製品の設計要因（コーナアール，リブ，ボス，ウェルドライン）や成形要因（残留ひずみ，成形時の分解，結晶化度など）の影響を考慮して設計する．

⑤ 環境劣化（熱劣化，加水分解劣化，紫外線劣化，温水劣化など）の影響を考慮して設計する．

ポイント 9-3　製品肉厚の設計

　図 9.2 に示すように局部的な厚肉を避け肉盗みして均一な肉厚に設計する.
また, 図 9.3 に示すように肉厚に急激な段差があるときには漸次肉厚を変化さ
せるように設計する.

　肉厚が不均一または急激な段差があると, 次の不具合が発生する.

① 厚肉部に気泡が発生する. 気泡が応力集中源になって破壊する.

② 残留ひずみ（冷却ひずみ）が発生しやすい. 過大な残留ひずみがあると
　　クラックが発生し, 外力が作用すると破壊する.

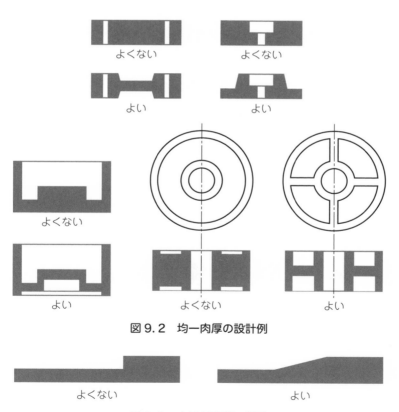

図 9.2　均一肉厚の設計例

図 9.3　肉厚急変部の設計

ポイント 9-4 コーナアールの設計

リブやボスの基部コーナには 0.3 mmR 程度のアールを付ける．また，**図9.4**に示す形状のコーナには丸みを付ける．内側のアール R および外側のアール R' の目安は，次のとおりである．

$$R = \frac{T}{2} \qquad R' = \frac{3T}{2} \tag{9.1}$$

ここで，T は製品厚みである．

アールが小さいと応力集中や残留ひずみ発生の原因になる．

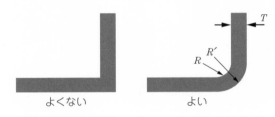

よくない　　　　　よい

図9.4　コーナアールの設計

ポイント 9-5 リブの設計

製品剛性を高めて荷重変形を少なくするためにリブを設ける．リブの設計例を**図9.5**に示す．リブ設計の目安は次のとおりである．

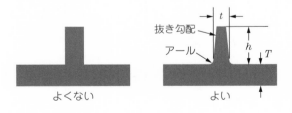

よくない　　　　　よい

図9.5　リブの設計

・リブの抜き勾配：0.5°〜1°

・リブ基部のアール：0.3 mmR

・製品厚み T とリブ基部厚み t：$t = 0.6T$（3 mm ≦ T）　　　$t = 0.4T$（3 mm ＞ T）

・製品厚み T とリブ高さ h：$h ≦ 3T$

　リブの設計がよくないと，リブ基部への応力集中，リブ基部での気泡発生，リブ部の離型不良などが生じて強度低下する．

　実際のリブでは荷重のかかり方によって図9.6に示すように平行リブ，格子リブ，綾目リブなどの設計例がある．

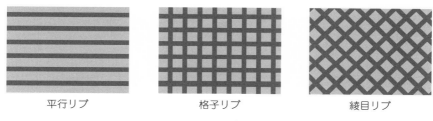

平行リブ　　　　　格子リブ　　　　　綾目リブ

図9.6　リブの種類

ポイント **9-6**　ボスの設計

　ボスには金具圧入（プレスフィット），ねじ接合，セルフタッピンねじ接合などの目的で下穴が設けられている．基本的な設計はリブと同じであるが，外力がかかると基部から折損することがある．その対策として図9.7に示すようにボス周囲を縦リブで補強する．外力のかかり方によって2方向または4方向から縦リブ補強する．

　縦リブ厚さ t の設計目安は次のとおりである．

$$t = (2/3) \times T \tag{9.2}$$

ここで，T はボス肉厚である．

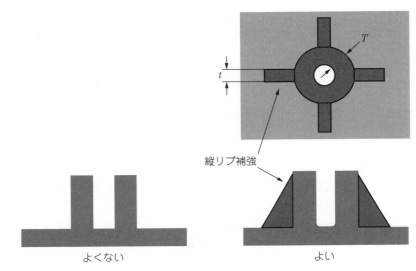

よくない よい

図9.7 ボスの設計

9-7 抜き勾配の設計

図9.8に示すように金型の開き方向に抜き勾配を設ける必要がある．抜き勾配は1/100〜1/50（0.5°〜1.0°）を目安とする．

抜き勾配が小さいと，金型から成形品を突き出すときに無理な力がかかるので成形品の割れ，変形，残留ひずみなどが発生する．

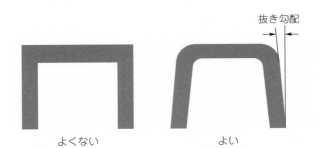

よくない よい 図9.8 抜き勾配

ポイント 9-8　ウェルドラインの発生原理

　ウェルドライン（WL）は溶融樹脂の合流部表面に発生する筋状のマークである．溶融樹脂の合流の仕方によって対向流 WL，並走流 WL，偏流 WL などがある．

　対向流 WL は，**図 9.9** に示すように対向して流れてきた溶融樹脂が合流するときに発生する WL である．両流動先端に封じ込められたガスやエアは抜けにくいので WL 強度は低下しやすい．

　並走流 WL は，**図 9.10** に示すように多点ゲートの成形品や流動障害箇所を迂回して合流する成形品において，溶融樹脂が合流した後に並走して流れるときに発生する WL である．合流した後に，ある長さまで WL が発生したのち消失するので WL 強度の低下は比較的小さい．

　偏流 WL は，**図 9.11** に示すように肉厚差のある製品で周囲の厚肉部から先に流れた後に中央部の薄肉部が充填するために発生する WL である．薄肉部の合流部にはガスやエアが封じ込められるので対向流 WL と同様に WL 強度は低くなる．

　対向流 WL や偏流 WL があると WL がない場合に比較して引張破断ひずみ，衝撃強度，クリープ破壊強度，疲労強度などは 50 ％〜60 ％程度に低下する．（➡ Q9·1）

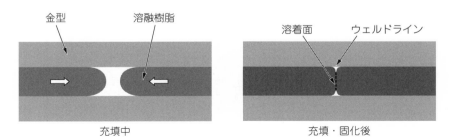

金型　　　溶融樹脂　　　　　溶着面　　ウェルドライン

充填中　　　　　　　　　　充填・固化後

図 9.9　対向流ウェルドライン

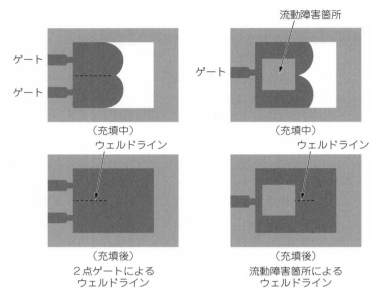

図9.10　並走流ウェルドライン

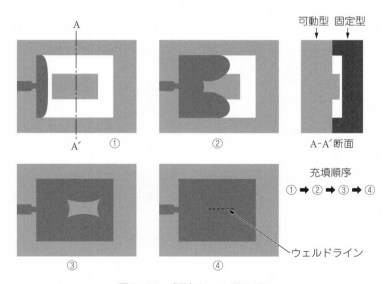

図9.11　偏流ウェルドライン

ポイント **9-9**　強度低下を避けるウェルドライン設計

次のように設計する.

① 強度が要求される箇所（危険断面）にWLが発生しないように，肉厚分布，ゲート方式やゲート位置を適切に設計する.

② WLの発生が避けられないときには並走流WLになるようにゲート位置を選定する（**図9.12**）．または捨てキャビティを設ける方法もある（**図9.13**）．

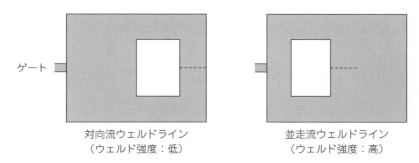

対向流ウェルドライン　　　　　　並走流ウェルドライン
（ウェルド強度：低）　　　　　　（ウェルド強度：高）

図9.12　ゲート位置とウェルドライン

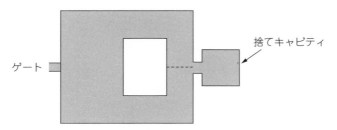

図9.13　捨てキャビティ設置によるウェルド強度向上例

ポイント **9-10**　強度設計データ

強度設計に必要なデータには許容応力，弾性率，ポアソン比がある.

許容応力（常用応力ともいう）とは「機械や構造物の破壊を避け安全を確保

するため，設計に際して使用材料に作用してよい上限応力」である．材料強度は破壊応力（または降伏強度）であるので材料強度データをもとに設計すると，実際に使用しているときに破壊する危険性がある．破壊しないように設計するには，許容応力をもとにしなければならない．

弾性率には引張弾性率（ヤング率，縦弾性係数），曲げ弾性率，圧縮弾性率などがある．基本的にはこれらの弾性率データを使用できる．ただし，フックの法則が成り立つ弾性限度範囲は狭いので，ひずみまたは応力が大きくなると計算誤差が大きくなることに注意しなければならない．

ポアソン比は縦ひずみと横ひずみの比である（➡ Q3・4）．製品の縦方向にひずみが発生すると横方向にもひずみが発生するので，強度設計においてはポアソン比のデータが必要になる．

ポイント 9-11　安全率と許容応力

材料強度と安全率から，次式で許容応力を求める．

$$許容応力 = 材料強度 \div 安全率$$

材料強度にはばらつきがあるが，同様に，設計応力（製品に作用する応力）にもばらつきがある．両ばらつきを正規分布と仮定したときの概念図を図

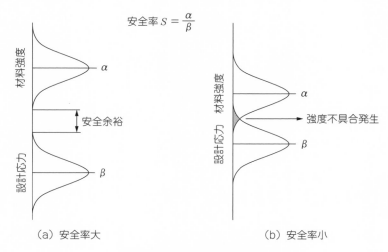

（a）安全率大　　　　　　　　（b）安全率小

図 9.14　安全率の概念図

9. 14 に示す．材料強度の平均値を α，設計応力の平均値を β とすると安全率は α/β である．安全率が大きい図(a)は材料強度の最小値と設計応力の最大値の差が大きいため，安全余裕（安全マージン）は大きい．一方，安全率が小さい図(b)は材料強度の最小値と設計応力の最大値が交差するので，使用条件によっては強度不具合が起きる危険性がある．したがって，強度不具合を起こさないようにするには図(a)のように安全率を大きく見積もる必要がある．

ポイント 9-12　製品の耐衝撃設計

材料の衝撃値は試験片の吸収エネルギーであるので製品の設計用のデータとしては利用できない（➡ポイント 3-7）．製品の耐衝撃設計では次のことを留意して材料選定や製品設計を進めなければならない．

① 脆性破壊率はばらつきが大きいので，可能な限り延性破壊するように設計する．

② 高温側では延性破壊するが，低温側では急に脆性破壊する特性がある．

③ コーナアールが大きいと延性破壊するが，小さいと脆性破壊する傾向がある．

④ 材料の分子量が高いと延性破壊するが，低いと脆性破壊する傾向がある．

ポイント 9-13　材料強度データを利用するときの注意点

次の点に注意する．

① 材料強度データは材料の１次選定の目安である．図 9. 15 に示すように材料強度は単純形状のダンベル形試験片（多目的試験片）を用いて測定するので，複雑形状の製品強度とは差が生じることがある．

② 測定条件によって値は異なるので，同一測定条件のデータを横比較する．材料データは JIS 規格（ISO 規格）に規定された試験条件での測定値である．

③ 一般の材料強度は配合剤を含まない自然色品の強度データである．配合剤の種類や添加率によって強度が変化することに注意しなければならない．

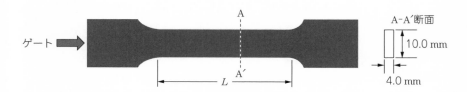

平行部長さL：60 mmまたは80 mm

図 9.15　ダンベル形試験片（多目的試験片）

④　一般的に材料強度データには短所になることは記載されていないことが
　　多い．製品の不具合は材料の短所が原因で発生することが多いので，事
　　前に短所についても調べる必要がある．

Q 9·1 ウェルドラインがあると，なぜ強度低下するのですか？

対向流 WL の形成過程を**図 9.16** に示す．次の理由で WL 強度が低くなる．

① 合流する流動先端の空間にはガスやエアが封じ込められやすい．そのため，WL の溶着強度が低くなる．

② ファウンテンフロー（➡ Q7·5）の流動先端では噴水が湧き出すように流れるので，WL 部では厚み方向に分子配向する．

③ WL 部では流動先端が冷えながら合流するので，ウェルド部表面に V 字状の溝が発生する．

④ 結晶性プラスチックでは，ウェルド近傍は冷却が不均一になるので結晶形態が不均一になる．

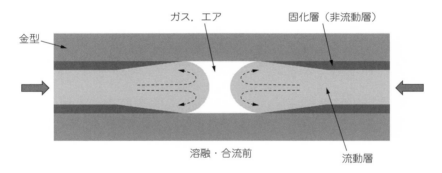

溶融・合流前

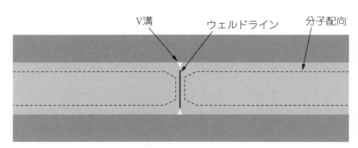

合流・固化後

図 9.16　対向流ウェルドラインの形成過程

Q&A Q 9.2　材料強度（破壊応力）からどのように許容応力を求めますか？

　静的強度（引張，曲げなど），クリープ破壊強度，疲労強度などは破壊応力であるので，安全率をもとに許容応力を求めて設計データにする．その場合，安全率は2～3に設定するのが一般的である．ただし，破壊すると大きな損害や人的被害になる製品では安全率をさらに大きく設定する例もある．

① 静的強度では，次のように許容応力を求める．

許容応力＝（降伏または破壊強度）÷安全率

② クリープ破壊では，図9.17に示すように経過時間（対数）と負荷応力の関係を直線外挿する（➡ポイント6-7）．外挿線から寿命時間に対応するクリープ破壊応力を推定して，次のように許容応力を求める．

許容応力＝（寿命時間に対応する推定クリープ破壊応力）÷安全率

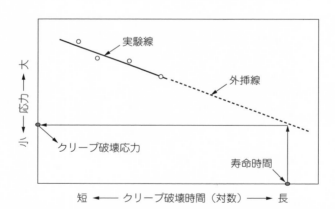

図9.17　クリープ破壊外挿線によるクリープ破壊応力の予測

③ プラスチックは10^7回における疲労破壊応力を疲労限度応力としている（図9.18）．つまり，疲労限度応力は破壊応力であるので，次のように許容応力を求める．

許容応力＝（10^7回における疲労破壊応力）÷安全率

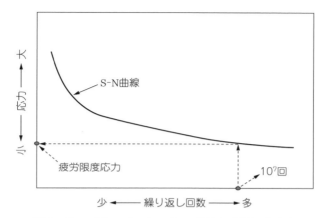

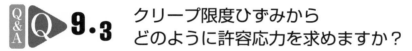

図 9.18　プラスチックの S-N 曲線と疲労限度応力

Q&A Q 9·3 クリープ限度ひずみから どのように許容応力を求めますか？

　クリープ曲線は長時間側では次第に横軸（時間軸）に平行になる特性がある．横軸にほぼ平行になるときのひずみをクリープ限度ひずみという．

　金属材料ではクリープ限度ひずみが 0.1 ％になるときの応力を許容応力とする考え方があるが，プラスチックではクリープ限度ひずみが 1.0 ％になる応力を許容応力とするのが一般的である．**図 9.19** に示すようにクリープ限度ひずみが 1.0 ％に対応する負荷応力は σ_2 であるので，σ_2 が許容応力となる．ただし，このようにして求めた許容応力では寿命時間によってはクリープ破壊する可能性もあるので，必要に応じて外挿法でクリープ破壊寿命を予測すべきである．

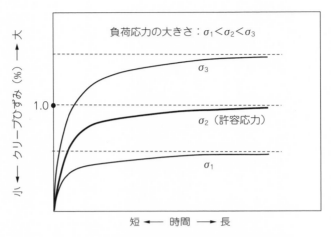

図9.19　クリープ曲線とクリープ限度ひずみ

Q9.4　ストレスクラック限界応力からどのように許容応力を求めますか？

　一定ひずみ下のストレスクラックでは，初期応力とクラックが発生しない最長時間（クラック未発生最長時間）には**図9.20**に示す関係がある（➡ Q4·3）．同曲線が時間軸にほぼ平行になる応力を許容応力とする．

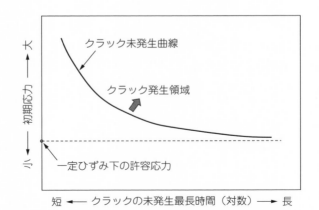

図9.20　一定ひずみ下のクラック未発生曲線と許容応力

Q 9.5　材料強度と製品強度の関係は？

　材料強度は降伏応力または破壊応力（MPa）で測定され，それらが大きいほど強い材料である．一方，製品強度は破壊に耐える力（N）で測定され，それが大きいほど強い製品である．製品強度を高くするには，高強度プラスチックを使用する必要があるが，製品設計によっても変化する．例えば，**図 9.21** に示す片持ち梁の先端に力 F を加えた場合，梁に発生する最大曲げ応力（最大引張応力）は次式で示される．

$$\sigma_{\max} = \frac{6FL}{bh^2} \tag{9.3}$$

ここで，$\sigma_{\max}$ は最大曲げ応力（MPa），F は力（N），L は梁長さ（mm），b は梁幅（mm），h は梁厚み（mm）である．

　式(9.3)は次式に書き換えることができる．

$$F = \left(\frac{bh^2}{6L}\right) \times \sigma_{\max} \tag{9.4}$$

　式(9.4)から，製品強度 F は右辺の材料強度（破壊応力）$\sigma_{\max}$ が大きいほど高くなるが，梁の長さ L，厚み h，梁幅 b などの製品形状も影響することがわかる．厚み h を厚くすると 2 乗の効果で製品強度 F は高くなる．

　強度設計では高強度プラスチックを選定すると同時に，形状を最適化することも大切である．

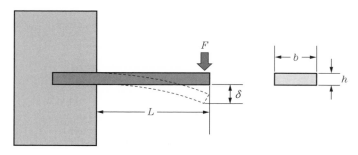

図 9.21　片持ち梁先端に加える力とたわみ

Q&A Q 9.6 弾性率と製品剛性の関係は？

弾性率は材料の変形のしにくさを表す特性値である．一方，製品剛性は力を加えたときの変形のしにくさを表す特性値である．製品剛性は次式で表される．

$$G = \frac{F}{\delta} \tag{9.5}$$

ここで，G は製品剛性（N/mm），F は力（N），δ はたわみ（mm）である．つまり，力 F を加えたときに変形 δ が小さいほど製品剛性 G は大きいことがわかる．

図 9.21 において片持ち梁の曲げたわみと力の関係は次式で表される．

$$\delta = \frac{4FL^3}{Ebh^3} \tag{9.6}$$

ここで，δ は曲げたわみ（mm），F は力（N），L は梁長さ（mm），b は梁幅（mm），h は梁厚み（mm），E は曲げ弾性率（MPa）である．

式(9.6)を次式に書き換えることができる．

$$\frac{F}{\delta} = \left(\frac{bh^3}{4L^3} \right) \times E \tag{9.7}$$

式(9.7)の右辺括弧内は梁幅 b，梁厚 h，梁長 L などの製品形状に関する値である．曲げ弾性率 E は材料によって決まる特性であるが，形状設計を最適化することで製品剛性を大きくすることができる．梁長さ L を変えない場合には，厚み h は3乗の効果で製品剛性を大きくできることに注目すべきである．

Q&A Q 9.7 耐衝撃性を必要とする製品の強度設計はどのように進めますか？

製品形状，肉厚および肉厚分布，鋭角コーナの有無，ウェルドラインなどによって衝撃吸収エネルギーは異なるので，製品の衝撃強度を材料力学計算やCAE構造解析で設計することは困難である．製品または製品形状に近い試作品を作製して，実際に衝撃試験を行って衝撃吸収エネルギーを求めなければならない．衝撃試験の進め方は次のとおりである．

第１ステップ：候補材料の選定

　材料の衝撃値データ，温度特性やコーナアール依存性などの衝撃特性データ，その他諸物性値から対象製品に適した候補材料を選定する．

第２ステップ：試作品による最適材料の選定

　図9.22は落錘試験において落錘質量を一定にして高さを変える試験例である．

① 候補材料を用いて製品または製品形状に近い試作品を成形する．

② 各試作品を用いて落錘の高さを変えて衝撃試験する．

　　落錘質量 W を高さ H から落下したときの衝撃エネルギーは次式である．

$$IS = 10 \times W \times H \tag{9.8}$$

　　ここで，IS は衝撃エネルギー（J），W は落錘質量（kgf），H は高さ（m）である．

③ 衝撃破壊はばらつきが大きいので，1条件の試料数を多くして破壊率（破壊数/試料数）で評価する．

④ 破壊する衝撃エネルギーレベルから落錘高さを徐々に低くして破壊率が

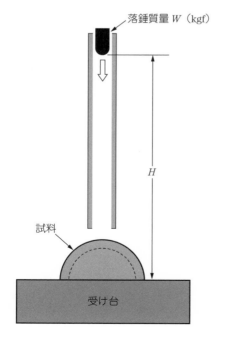

図9.22　落錘衝撃試験

ゼロになるレベル H_0 を求める（逆に破壊しないレベルから高さを徐々に高くする方法もある）.

⑤　H_0 から，試作品が破壊されない衝撃エネルギー IS_0 を求める.

$$IS_0 = 10 \times W \times H_0 \tag{9.9}$$

⑥　各候補材料による試作品の中から衝撃吸収エネルギー IS_0 が最も大きい材料を選択する.

⑦　製品の実用衝撃吸収エネルギーを IS_P とすると，

$$IS_P \geqq IS_0 \tag{9.10}$$

でなければならない.　ただ，量産するときの製品の衝撃強度にもばらつきがあるので，

$$IS_P \geqq (1.3 \sim 1.5) \times IS_0 \tag{9.11}$$

程度に設計するのが安全である.

以上は落錘衝撃例であるが，実際にはプラスチック製品が受ける衝撃には次の形態がある.

①　物体の落下衝撃：プラスチック製安全帽，安全保護具，機械保護カバー

②　製品の自重落下衝撃：内部部品を組み込んだ電気・電子機器類のプラスチック筐体

③　物体への衝突衝撃：車両，土木・建設機械などプラスチック外装部品

それぞれの衝撃形態に合わせた衝撃試験法で評価する必要がある.

10

割れトラブル原因をどのように調べるか

ポイント 10-1　割れトラブル状況調査の留意点

　本書では「割れトラブル」をプラスチック成形品の割れが原因で製品に不具合が生じることと定義する．割れトラブルが発生したときには，原因究明に先立って発生現場の状況を事前に調査する必要がある．そのときの調査ポイントは次のとおりである．

① トラブルはいつ頃発生したか（成形または組み立ててからの経過時間）．
② 割れ品の表面状態はどうか．
　色相，白化，銀条，微細クラック，傷，チョーキングなど．
③ 割れ品の破断面は延性破面か脆性破面か．
④ 良品と比較して異常に脆いことはないか．
⑤ 良品と比較して質量や寸法に差はないか．
⑥ 割れ品にケミカルクラック懸念物質（溶剤，油，グリース，薬液など）の付着はないか．
⑦ クラックまたは割れ発生箇所はゲート仕上げ跡，ウェルドライン，鋭角コーナ，突き出しピン跡の段差，表面傷などと関係ないか．
⑧ 接着，塗装，印刷，溶着，機械加工などの2次加工した箇所と関係ないか．

ポイント 10-2　仮説の立て方

　トラブル発生状況および使用材料の短所をもとに仮説を立てて原因究明を進める．仮説を立てるポイントは次のとおりである．

① 成形工程における分解（熱分解，加水分解）による強度低下
② 高次構造（分子配向，繊維配向，結晶化度）に起因する強度変化
③ 気泡，鋭角コーナ，異物などの応力集中による強度低下
④ 不適切な再生材の使用による強度低下
⑤ 過大な残留ひずみによりクラックが発生したことによる強度低下
⑥ 組み立て工程の応力でクラックが発生したことによる強度低下
⑦ 使用時の過大な応力による破壊
⑧ 環境劣化（熱，水分，紫外線，薬品など）による強度低下

◤ポイント◢ **10-3**　　成形における熱分解の調査・測定

次のことを調査・測定する.

① 割れ品の外観や質量のチェック

　　熱分解すると色相変化，銀条，黒褐色焼け筋などが発生する．また，熱分解すると流動性がよくなるので（溶融粘度低下）保圧がよく効くようになる．その結果成形品質量は重くなる.

② 成形条件の調査

　　成形温度は高過ぎないか，成形サイクルは長過ぎないか，シリンダ内で局部滞留部はないか，ショット質量に対し成形機容量は大き過ぎないかなどを調べる．ここでショット質量とは製品総質量と樹脂流路（スプル，ランナ，ゲート）の質量を含めた値である.

③ 割れ品の分子量または MFR, MVR を測定する（➡ Q10·1, Q10·3).

◤ポイント◢ **10-4**　　成形における加水分解の調査・測定

次のことを調査・測定する.

① PC，PBT，PET，PAR，LCP などエステル結合を有するプラスチックであるか.

② 予備乾燥は適切な条件（温度，時間）で行われているか.

③ 割れ品の分子量または MFR, MVR を測定する（➡ Q10·1, Q10·3).

◤ポイント◢ **10-5**　　再生材使用の調査・測定

次のことを調査・測定する.

① 再生材の混合比率を調べる.

② 不良製品の異物を調べる（再生材への異物混入).

③ 割れ品の分子量または MFR, MVR を測定する（➡ Q10·1, Q10·3).

ポイント 10-6　結晶化度の調査・測定

結晶化度が低いと強度や弾性率が低くなる．また，使用段階で寸法変化も起きる．

① 　金型温度が低いと結晶化度は低くなるので，金型温度の条件を調べる．

② 　密度法または示差走査熱量計（DSC）法で結晶化度を測定する（➡ Q10·8）．

ポイント 10-7　分子配向ひずみの調査・測定

一般的に薄肉成形品では流動方向に分子配向しやすくなる．分子配向ひずみが過大であると配向方向の強度は高いが，垂直方向は低くなる傾向がある．

次のことを調査・測定する．

① 　成形条件では成形温度が低く，保圧が高いと分子配向ひずみは大きくなるので，成形温度および保圧の条件を調べる．

② 　偏光板による光弾性縞観察や複屈折率測定（透明成形品の場合）または高温処理による加熱収縮率を測定する（➡ Q10·9）．

ポイント 10-8　残留応力の調査・測定

保圧，冷却過程で発生する冷却ひずみや 2 次加工時の熱ひずみによる残留応力を対象とする．残留応力がストレスクラック限界応力を上回っていると，時間経過後にクラックが発生する．

① 　成形条件では金型温度が低く，保圧が高いと残留応力が発生しやすいので，金型温度と保圧の条件を調べる．

② 　2 次加工では加工面が過度に溶融するような条件で加工すると熱ひずみが発生する．2 次加工条件を調べる．

③ 　混合溶媒浸漬法，応力解放法などで成形条件の影響を測定する（➡ Q10·9）．

ポイント **10-9** ストレスクラックの観察・測定

ストレスクラックが発生していると応力集中源になって割れトラブルになる.

① ストレスクラックは成形後または製品に組み立て後から数日から数週間後で発生するので, クラックが発生するまでの経過時間を調べる.

② 透明製品のストレスクラックは太陽光や照明光源の反射光で観察するとクラックはキラキラと光って観察できる.

③ 不透明成形品に発生するストレスクラックは目視で確認できないことが多いので, 浸透液を用いて観察する (➡ Q10·7).

④ 高温処理やヒートサイクルによってクラックを成長, 促進させて観察する.

ポイント **10-10** ケミカルクラックの観察・測定

ケミカルクラックは大きなクラックが発生するので目視観察しやすい.

ケミカルクラックは応力と薬液の共同作用で発生する.

① ケミカルクラックは数分から数時間で発生する. クラックが発生するまでの時間を調べる.

② ストレスクラックより大きなクラックが発生するので, クラック発生状態を観察する.

③ 残留応力や組み立て応力が発生しているか調べる.

④ 割れ不具合の付着物を調べる.

⑤ 付着物があれば, 4分の1だ円法, 曲げひずみ法などで付着物のケミカルクラック限界応力を測定する (➡ Q4·6).

ポイント **10-11** 異物の検査・分析

成形品中に異物が混入していると応力集中によって破壊しやすくなる. 異物には金属片, 未溶融プラスチック, 異種プラスチックなどがある.

① 破断面を拡大鏡観察または走査型電子顕微鏡で撮影観察し, 破壊の起点

に異物が存在するか調べる.

② 異物をサンプリングして材質分析する（➡ Q10·5）.

③ 異物の材質から発生源を特定する.

ポイント 10-12　気泡の検査・測定

成形品中に気泡（ボイド）が存在すると応力集中源になって破壊しやすくなる.

次の方法で気泡の有無を調べる.

① 破断面に気泡が存在するか拡大鏡観察する.

② 透明成形品であれば気泡を目視観察する.

③ 不透明成形品であれば切断して気泡の有無を調べる. または, 軟 X 線撮影法, X 線透視法, 超音波探傷試験法などで調べる（➡ Q10·6）.

ポイント 10-13　熱劣化の調査・測定

熱劣化すると強度, とくに衝撃強度が低下する.

① 製品の使用温度と使用時間を調べる. 使用材料の UL 相対温度指数（RTI）や電気用品安全法の絶縁物の使用温度上限値との関係を調べる.

② 熱劣化すると初期症状として黄変または色相変化が起きるので, 黄変度や色差を測定する（➡ Q10·4）.

③ 割れ品の分子量または MFR, MVR を測定する（➡ Q10·1, Q10·3）.

ポイント 10-14　紫外線劣化の調査・測定

紫外線照射面が選択的に紫外線劣化する.

① 紫外線劣化すると初期症状として紫外線照射面の黄変または色相変化が起きるので, 黄変度や色差を測定する（➡ Q10·4）. プラスチックによってはチョーキング現象が起きることもある.

② 紫外線照射面には劣化に伴って微細亀裂が発生するので, 光学顕微鏡で拡大して表面観察する. また, 紫外線照射面に引張応力が発生するよう

に折り曲げると簡単に破壊する.

③　照射面側の劣化層を削りだして分子量または MFR, MVR を測定する（➡
　　Q10・1，Q10・3).

Q 10.1 成形品の分子量を測定するには？

粘度法と GPC（gel permeation chromatography）法がある.

粘度法は一定量の試料を溶剤に溶解した溶液粘度から粘度平均分子量を求める方法である.

GPC 法は，ポリスチレンゲルなどを充填したカラムに試料を溶解した溶液を流すと，分子サイズの大きい順に分離される性質を利用して，分子量を測定する方法である. GPC 法では数平均分子量，重量平均分子量，分子量分布などを測定できる.

同一試料を測定したとき数平均分子量 M_n，重量平均分子量 M_w，粘度平均分子量 M_η の大きさは次の関係になる.

$$M_n < M_\eta < M_w$$

また，分子量の広がり（分子量分布）は M_w/M_n で表され，この比の値が大きいほど分子量分布は広いことを示す.

Q 10.2 分子量の測定結果をどのように判定しますか？

次のように判定する.

① 割れ品の分子量が限界分子量以下（➡ Q2・3）にまで低下していれば，分子量低下が割れ発生の主原因であると判定できる.

② 分子量低下は認められるが，限界分子量を超えているときは間接的原因と考えて他の試験結果と合わせて判定する.

③ 低分子量分の増加が強度低下に影響するので，GPC 法では低分子量分の影響が大きく表れる数平均分子量低下に注目する.

ただし，プラスチックによって限界分子量は異なるので，事前に分子量と強度の関係から，限界分子量を測定する必要がある.

Q 10.3 分子量測定に代わる測定法はありますか？

成形品から試料を切り出して MFR（melt mass flow rate）や MVR（melt vol-

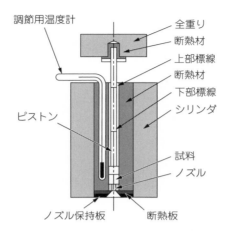

調節用温度計　　　　　　全重り
　　　　　　　　　　　　断熱材
　　　　　　　　　　　　上部標線
　　　　　　　　　　　　断熱材
　　　　　　　　　　　　下部標線
　　　　　　　　　　　　シリンダ
ピストン
　　　　　　　　　　　　試料
　　　　　　　　　　　　ノズル
ノズル保持板　　　断熱板

図 10.1　MFR，MVR 測定装置概略図

ume flow rate）を測定する．

　MFR および MVR は，**図 10.1** に示すメルトインデックス測定装置で測定する．成形品から試料を切り出し予備乾燥した後にシリンダ内のセルに入れて，指定条件（荷重，温度）で加熱，溶融させた後，指定荷重でノズルから押し出したときの溶融樹脂量を測定する（測定荷重，温度は各材料の JIS で規定）．MFR は，ノズルから押し出した時間あたりの質量を 10 min あたりの質量に換算した値で表す（単位は g/10 min）．MVR は，ノズルから押し出した時間あたりの体積を 10 min あたりの体積に換算した値で表す（単位は cm³/10 min）．

　材料が分解すると流れやすくなるので MFR や MVR の値は大きくなる．良品と比較して割れ品の MFR や MVR の値が大きくなっていれば，成形時に分解したと判定できる（測定精度を要考慮）．MFR，MVR は分子量との間には相関性はあるが，測定精度がよくないので MFR，MVR の値から分子量を求めることは困難である．

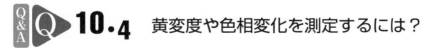

10.4　黄変度や色相変化を測定するには？

　成形時の熱分解，熱劣化，紫外線劣化などが起きると，先行して黄色度の増加，色相変化が起きる．

（1）黄色度，黄変度の測定法

JIS K 7373（プラスチック―黄色度及び黄変度の求め方）に規定されており，熱，光などの環境に暴露されたプラスチックの劣化を評価するのに用いられる．

黄色度 YI は無色または白色から色相が黄方向に離れる度合いを表す．測定法は分光測色法または刺激値直読法による三刺激値（X, Y, Z）を測定し，次式によって算出する．

$$YI = 100(1.298\,X - 1.1335\,Z)/Y \qquad (10.1)$$

（標準イルミナント D_{65} を使用し，XYZ 表色系を用いる場合）

黄変度 ΔYI は黄色度の増加を表す特性値である．

$$\Delta YI = YI - YI_0 \qquad (10.2)$$

ここで，ΔYI は黄変度，YI は処理または暴露後の黄色度，YI_0 は処理または暴露前の黄色度である．

（2）色差の測定法

JIS Z 8730（色の表示方法―物体色の色差）に規定されている．

色差は2つの色の間に知覚される色の隔たり，またはそれを数値化した値である．

2つの試料について分光測色法または刺激値直読法によって L 値，a 値，b 値を測定し，それぞれの差から色差 ΔE を次式によって計算する

$$\Delta E = [(\Delta L)^2 + (\Delta a)^2 + (\Delta b)^2]^{1/2} \qquad (10.3)$$

なお，**図 10.2** に示すように L は明るさ，a は緑～赤，b は青～黄を表す特性値である．

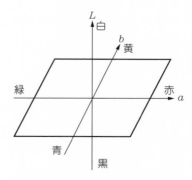

図 10.2　L 値，a 値，b 値と色相

Q&A Q 10.5　異物を分析するには？

　異物分析に先立って割れ品から異物を分離する．**図 10.3** に示す手順で異物を分離して異物分析する．異物の形態観察から材質を予測し，次に適切な分析法で異物を材質判定する．材質が判明すれば発生源を特定できる．異物に対する主な分析法を次に示す．
・異種プラスチック：赤外分光分析法
・未溶融プラスチック：赤外分光分析法
・有機異物：質量分析法
・金属異物：蛍光 X 線分析法

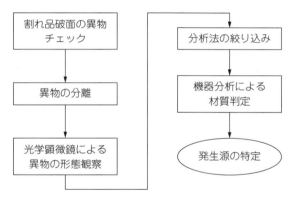

図 10.3　異物分析の手順

Q&A Q 10.6　不透明成形品の気泡を測定するには？

　軟 X 線撮影法，X 線透視法，超音波探傷試験法などで調べる．

（1）軟 X 線撮影法，X 線透視法

　軟 X 線は約 0.1 keV〜2 keV とエネルギーが低くて透過性の弱い X 線である．軟 X 線はプラスチックを透過するので気泡を確認できる．軟 X 線撮影では微細な気泡の観察は困難であるが直径が数 mm 程度のものであれば観察可能である．
　㈱エックスレイプレシジョンでは可搬式 X 線透視装置 RBOX＋803L を開発し

ている．同装置では 20 μm 程度の気泡もチェックできるといわれる．

（2）超音波探傷試験法

　超音波は細いビームとなって伝播し空洞の部分で反射される．その反射波を計測することで空洞の位置や大きさを測定するのが超音波探傷試験法である．ただし，測定に関しては種々の注意点がある．

10.7　微小クラックを検査するには？

　透明成形品であれば照明灯や太陽光の反射光でクラックを観察できる．

　不透明成形品では微細なクラックの観察は難しいが，浸透探傷試験法で観察する方法がある．表面に開口しているクラックに浸透液を毛細管現象で浸透させた後，表面の浸透液を洗浄液でふき取りまたは洗浄する．クラック内に残留している浸透液を白色微粉末で吸出し拡大指示模様を形成させて観察する．ただし，PS，ABS，PC，mPPE などの非晶性プラスチックでは，浸透液中の成分がケミカルクラックを発生させることがある．

　最近では，ケミカルクラックを発生させない浸透液として，㈱タセトはプラスチック用カラーチェック PM-3P を開発している．開発品（PM-3P）はポリスチレンやポリカーボネートではクラックの発生は認められないと報告されている[1]．

10.8　結晶化度を測定するには？

　結晶化度は密度法や DSC 法で測定する．

（1）密度法による結晶化度の測定法

　試料の密度を測定し，次式で結晶化度を計算する．

$$x(\%) = \frac{\rho_c(\rho - \rho_a)}{\rho(\rho_c - \rho_a)} \times 100 \tag{10.4}$$

ここで，x は結晶化度（%），ρ は試料の密度（g/cm³），ρ_c は完全結晶体の密度（g/cm³），ρ_a は完全非晶体の密度（g/cm³）である．

　表 10.1 に代表的な結晶性プラスチックの公表値を示す．

表10.1　結晶性プラスチックの完全結晶体と完全非晶体の
密度公表値

	密度（g/cm³）	
	完全結晶体 ρ_c	完全非晶体 ρ_a
ポリアセタール	1.506	1.25
ポリアミド6	1.212	1.113
ポリアミド66	1.24	1.09
ポリブチレンテレフタレート	1.396	1.28
ポリエチレンテレフタレート	1.455	1.331

（2）DSC 法による結晶化度の測定法

　成形品から切り出した試料を用いて DSC 分析をする．低い温度側から結晶融解を超える温度まで一定速度で昇温すると，結晶融解温度領域で**図 10.4** のように吸熱ピークを示す．融解熱ピーク面積（融解熱量）から次式により結晶化度を計算する．

$$x(\%) = \frac{\Delta H}{\Delta H_0} \times 100 \tag{10.5}$$

ここで，x は結晶化度（%），ΔH は試料の融解熱量（mJ/mg），ΔH_0 は完全結晶体の融解熱量（mJ/mg）である．

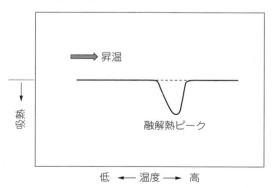

図 10.4　DSC 曲線と結晶融解熱ピーク

DSC による測定には微小試料を用いるので，成形品の部分的な結晶化度を求めることができる．

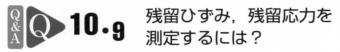 **残留ひずみ，残留応力を
測定するには？**

ここでは代表的な測定法を説明する．

（1）光学的測定法

透明成形品の光弾性縞や複屈折を測定する方法がある．

［光弾性縞観察法］

2枚の偏光板をクロスニコルの状態（光が透過しない状態）にして，透明成形品をその間に挟んで目視観察する．位相差があると光弾性縞が観察される．光弾性縞の程度で残留ひずみの大きさを比較評価する．**図10.5**にポリカーボネート射出成形品の光弾性写真を示す[2]．図(a)は光弾性縞がほとんど観察されないが，図(b)は明確な光弾性縞が観察される．

［複屈折率測定法］

分子配向ひずみがあると，次式に示す配向複屈折率が生じる．

$$\Delta n_1 = \Delta n_D \times f \tag{10.6}$$

ここで，Δn_1 は配向複屈折率，Δn_D は固有複屈折（材料特性値），f は配向関数である．

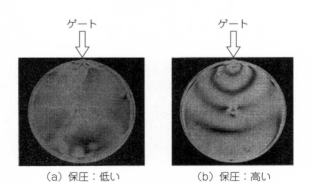

（a）保圧：低い　　　　　（b）保圧：高い

**図10.5　ポリカーボネート成形品の光弾性写真[2]
成形：円板形状（外径102 mm，肉厚3 mm）
サイドゲート方式**

残留ひずみ（冷却ひずみ）があると，次式に示す応力複屈折率が生じる．

$$\Delta n_2 = C \times \sigma \tag{10.7}$$

ここで，Δn_2 は応力複屈折率，C は光弾性定数（材料特性値），σ は主応力差である．

したがって，成形品の複屈折率には Δn_1 と Δn_2 が含まれる．

複屈折率がある媒体中を光が透過すると，次式に示す位相差を生じる．

$$\delta = \frac{2\pi d \cdot \Delta n}{\lambda} \tag{10.8}$$

ここで，δ は位相差，Δn は複屈折率，λ は光の波長，d は試料の厚みである．

上式から位相差 δ を測定することで複屈折率 Δn または複屈折 $(d \cdot \Delta n)$ を求めることができる．

複屈折率測定法には，偏光顕微鏡とコンペンセータを組み合わせる方法，レーザーラマン法などもあるが，He–Ne ガスレーザーを用いたエリプソメーター法が多く利用されている．装置の概要を**図 10.6** に示す．He–Ne ガスレーザーから出射された光は，偏光子を介して方位角 45° の直線偏光となる．次いで，直線偏光が試料に入射するが，もし試料に複屈折があれば通過した光は直線偏光からだ円偏光へ変わる．エリプソメーターは検光子の角度を変えて受光部の光の強さから位相差 δ を測定する．位相差 δ から複屈折率または複屈折を求める．

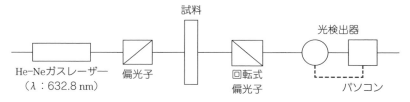

図 10.6　複屈折測定装置

（2）化学的測定法

一般的には，混合溶媒浸漬法とよばれる方法である．

ケミカルクラックを発生させる溶剤を利用して残留応力の大きさを推定する方法である．

残留応力の測定に先立って検出限界応力の低い溶剤と高い溶剤を用意する．

表10.2　ポリカーボネート成形品のケミカルクラック評価例[3]

溶剤の混合比 (MIBK/メタノール)	混合溶剤の クラック限界応力[*1] (MPa)	試料のクラック 発生率[*2]
1/0	3.9	5/5
1/2	8.3	3/5
1/3	13	1/5
1/7	17	0/5
0/1	21	0/5

[*1] あらかじめ4分の1だ円法により測定したクラック限界応力
[*2] クラック発生数/試料数

体積比率を変えて混合液を作製し，これらの各混合液の検出限界応力をあらかじめ測定しておく必要がある．

　表10.2はポリカーボネート成形品を用いて残留ひずみを測定した結果である．メチルイソブチルケトン（MIBK）とメタノールの混合溶剤を用いている．各混合溶剤はあらかじめ4分の1だ円法によりクラック限界応力を測定している[3]．結果はばらつきがあるので発生率（クラック発生数/試料数）で表している．この結果から，成形品の残留応力は13 MPa～17 MPaと推定できる．

　混合溶剤浸漬法は簡便的な測定法であるが，測定ばらつきが大きいこと，環境安全対策が必要であることなどの注意点がある．製品の良否を判定する出荷検査には不向きである．試作段階での設計，成形における最適条件を決めるのに用いるとよい．

（3）応力解放法

[試片削除法]

　残留応力が内在している成形品から試片を切り出すと応力が解放されて変形する．残留応力が大きければ変形も大きくなる．変形の大きさから残留応力の大きさを相対的に比較する方法である．

　図10.7に測定例を示す．残留応力のある平板状成形品から図(a)のように短冊状試験片を切り出すとそりが発生する．そり量から元板の残留応力を相対的に評価できる．また，残留応力のあるリング状成形品から図(b)のように切断

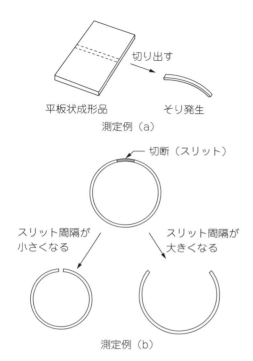

切り出す

平板状成形品　　　　そり発生

測定例（a）

切断（スリット）

スリット間隔が　　　　スリット間隔が
小さくなる　　　　　　大きくなる

図 10.7　応力解放法による
**　　　　　冷却ひずみ測定例**

測定例（b）

すると，応力発生状態によってリングが開いたり，閉じたりする．これらの変形量から残留応力の大きさを相対的に評価できる．

[**加熱収縮法**]

　残留応力が生じる温度まで加熱すると応力が解放される．その結果加熱収縮が起きるので，加熱収縮率を測定することで残留応力の大きさを相対的に評価できる．ただし，残留応力の発生状態によっては加熱膨張することもある．

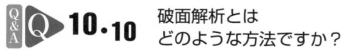

10·10　破面解析とは
どのような方法ですか？

　破断面には破壊原因を示す特有の痕跡が観察されるので，破面を拡大観察して割れ原因を調べる方法である．

　走査型電子顕微鏡を用いる方法はミクロフラクトグラフィとよばれ，焦点深度が深く高倍率で破面を観察できるので破面解析に広く用いられている．

　走査型電子顕微鏡（SEM）による破面撮影は次の手順で行う．

① 割れ品から破壊箇所を切り出し試料とする．
② 試料を試料台に接着セットする．
③ 破面を金または金パラジウムでスパッタ蒸着（膜厚 10 nm～100 nm）する．ただし，低真空走査型電子顕微鏡では，試料面を蒸着しなくても観察できる装置もある．
④ 適切な倍率に拡大して撮影する．

破面解析は次の手順で進める．
① 意図的に要因を与えて破壊させた試験片破面の SEM 写真を作製する．
② 製品破面の SEM 写真を作製し，①の試験片破面と照合して割れ原因を判定する．

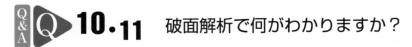

10.11　破面解析で何がわかりますか？

破面を観察することで次の情報が得られる．
① 破壊の起点はどこか．
② 破壊はどの方向に進展したか．
③ どのような応力によって割れたか（静的応力，衝撃，クリープ，疲労など）．
④ ケミカルクラックの影響はあるか．

破面解析では次の留意点がある．
① 割れ原因が同じでも，プラスチックの種類や品種によって破面が異なる．
② 割れたときの環境温度やひずみ速度によって破面は変化する．
③ 破面によって適切な倍率に拡大して観察する．

次に破面写真例を示す．**図 10.8** はポリカーボネート（PC）のアイゾット衝撃破面である[4]．延性破面では破壊の進行方向に筋状パターンが観察される．脆性破面ではパラボラ状に衝撃波が伝わりその後は滑らかな破断面が観察される．

図 10.9 はウェルドラインのある PC 試験片の引張破壊破面である[5]．ウェルド部から脆性破壊し，その後は延性破壊した様子がうかがえる．

図 10.10 はポリアセタール（POM）のクリープ破壊破面である[6]．破面には引きちぎられたような模様が観察される．これは非晶相が破壊された痕跡と推

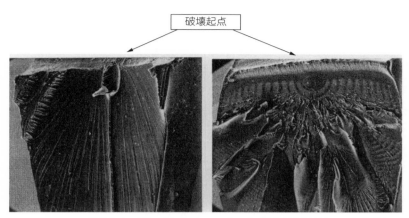

図 10.8　延性破面と脆性破面[4]
（PC のアイゾット衝撃破壊）

図 10.9　ウェルド部の引張破壊破面（PC）[5]

定される．

　図 10.11 は POM の疲労破面である[7]．破壊の進行方向にストリエーション
（➡ Q3·13）の痕跡が観察される．

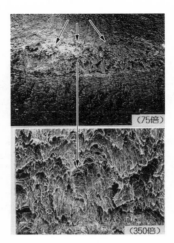

図 10.10　クリープ破壊破面（POM)[6]

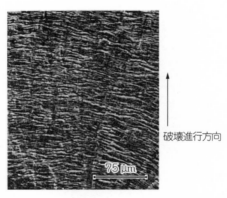

破壊進行方向

図 10.11　疲労破面のストリエーション（POM)[7]

引用文献

1）坂部昇也，谷 峰，プラスチックス，7 月号，34–37（2012）
2）甲田広行，高分子化学，**25**（276），254–264（1968）
3）三菱エンジニアリングプラスチックス，ユーピロン/ノバレックス—成形編—，p. 21
（2003）
4）三菱ガス化学，ユーピロン技術詳報 PCR203，pp. 2〜3
5）三菱ガス化学，ユーピロン技術詳報 PCR203，p. 7
6）三菱ガス化学，ユピタール技術資料 ITR001，p. 12
7）尾関康宏，成形加工，**16**（5），298–302（1992）

11

割れトラブルを
どのように解消するか

ポイント 11-1　強度設計と割れトラブルの防止

　静的応力，クリープ応力，疲労応力などで脆性破壊するときには，破壊に先立ってクラックが発生し，すぐに伝播して割れトラブルになる．製品設計では破壊応力ではなく許容応力（➡ポイント9-11）をもとにして強度設計することで割れトラブルを防止する．

　一方，一定ひずみのもとで発生する応力でクラックが発生するときには，クラックが発生すると応力が解放されるのでクラックの進展は停止する．しかし，クラックが応力集中源になって割れトラブルになる危険性はあるのでクラックが発生しないように設計しなければならない．クラックが発生しない最大応力（限界応力➡Q9·4）を許容応力として強度設計することで割れトラブルを防止する．

ポイント 11-2　ストレスクラックと割れトラブル

　残留ひずみ，インサート残留ひずみ，圧入ひずみ（➡Q11·5）などは一定のひずみが負荷された状態である．クラック発生限界応力以上の応力が発生していると時間経過後にストレスクラック（以下クラックという）が発生する．クラックが発生するとひずみ（応力）は解放されるのでクラックの進展は停止する．その場合，応力が大きいほど大きなクラックが発生する傾向がある．

　ストレスクラックが発生しても割れトラブルに至らないこともある．**図11.1**に示すように，クラックが発生するだけでは破損しない．しかし，引張力が作用するとクラック先端に応力集中して割れトラブルになる．また，**図11.2**は金具インサート品の金具周囲からクラックが発生したときの例である．通常，金具をインサートしたときの残留応力によって発生するクラックは金具と接するプラスチック層界面から放射状に発生する．図(a)に示すように肉厚が薄いとクラックはプラスチック層を貫通するので割れトラブルになる．一方，図(b)に示すように肉厚が厚いとクラックは発生するが割れトラブルには至らない．しかし，金具に外力が強く作用すると割れトラブルになる危険性はある．

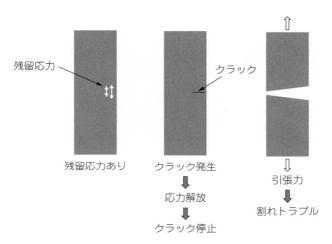

図 11.1　ストレスクラックの割れトラブル進展モデル

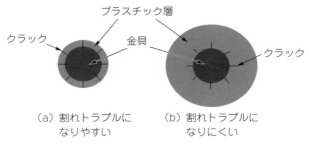

図 11.2　インサート金具周囲のクラックと割れトラブル

ポイント 11-3　ストレスクラックの検査

　図 11.3 は透明ポリカーボネート（PC）製保護カバーに設けられた下穴に金属ボルトを通して鉄製フレームに締め付けたときに発生したクラックである．透明品であるため光の反射でクラックを観察できる．ストレスクラックは微細なクラックであるため，不透明品ではクラックは見逃されることが多いので注意しなければならない．クラック発生が懸念されるときには，浸透液を用いてクラックの有無を検査する方法が推奨される（➡ Q10·7）．

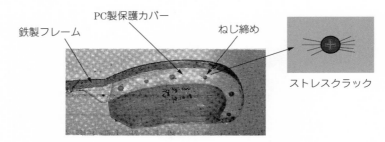

鉄製フレーム

PC製保護カバー

ねじ締め

ストレスクラック

図11.3 ねじ締め付け周囲のストレスクラック

　ストレスクラックは時間が経過してから発生する．室温では数日から数週間以上経過してから発生することが多い．そのため，製品検査では良品と判断されて出荷され，実際に使用しているときに割れトラブルになることがある．また，温度が高くなるとクラックは短時間で発生する傾向がある．

ポイント 11-4　ケミカルクラックと割れトラブル

　ケミカルクラックでは大きなクラックが発生するので割れトラブルに直結することが多い．図11.4はポリカーボネート（PC）試験片に曲げひずみを与えて有機溶剤（アセトン）を付着させたときのケミカルクラックである．ストレスクラックと比較すると大きなクラックが発生していることがわかる．

　表11.1にケミカルクラックによる割れトラブル例を示す．ケミカルクラッ

ケミカルクラック

図11.4 ケミカルクラック
（PC試験片に曲げひずみを与えてアセトンを付着させた）

表11.1 ケミカルクラックの割れトラブル例

割れトラブル例	使用プラスチック		薬液	応力
	種類	分類		
塗装時のクラック	メタクリル樹脂	非晶性	塗料・印刷溶剤	成形時の残留応力
軟質ポリ塩化ビニルフィルムの包装によるクラック	ポリカーボネート	非晶性	PVC中可塑剤の成形品への移行	成形時の残留応力
タップねじ加工面のクラック	変性 PPE	非晶性	切削油	ねじ加工時の熱ひずみ
機械部品のクラック	変性 PPE	非晶性	油，グリス	残留応力，組立応力
インサート金具周囲のクラック	ABS 樹脂	非晶性	インサート金具に付着した切削油	金属との熱収縮差による残留応力
エアコン・ドレン・パイプのクラック	低密度ポリエチレン	結晶性	台所用洗剤	接合応力
配管ジョイントのクラック	硬質ポリ塩化ビニル	非晶性	接着剤	接合応力
自動車部品のクラック	ポリアミド 6	結晶性	融雪剤（塩化カルシウム）	組立応力
成形時のクラック	ポリカーボネート	非晶性	離型剤，金型の防錆油	残留応力

クによる割れトラブルは結晶性プラスチックでは少ないが，非晶性プラスチックは多いことがわかる．また，ケミカルクラックは応力と薬液の共同作用で発生することもわかる．

ポイント 11-5　ケミカルクラックによる割れトラブル防止の難しさ

　結晶性プラスチックでは限られた薬液のみでケミカルクラックが発生するので，設計開発段階で防止対策を立てやすい（➡ポイント4-6）．一方，非晶性プラスチックはいろいろな薬液で発生するので，使用段階で思わぬ割れトラブルに遭遇することが多い．使用される薬液の化学成分が明確なときの対策は容

表 11.2 PC 製品にケミカルクラックを発生させた推定成分

分類	材質または薬液	ケミカルクラックを発生させる推定成分
材質中の化学成分	軟質ポリ塩化ビニル	可塑剤
	ゴムパッキン	老化防止剤，その他
	フェノール樹脂	アミン系硬化剤
	ねじロック剤	添加剤成分
	特殊 PE フィルム	帯電防止剤
	ゴム系接着剤	溶剤類
混合薬液中の化学成分	塗料，インク	溶剤類
	洗剤類	不明
	ヘヤートニック	不明

易であるが，次の場合は対策が困難である．

① 接触する相手材の中に含まれる化学成分がプラスチック製品側に移行してケミカルクラックを発生させる．

② 混合薬液に含まれる化学成分の 1 つがケミカルクラックを発生させる．

PC 製品における例を**表 11.2** に示す．

ポイント 11-6 ケミカルクラックの割れトラブル対策

製品の開発段階においてケミカルクラックの発生が懸念されるときには，4分の 1 だ円法，曲げひずみ法などの方法で薬液または相手材のケミカルクラック性を調べる必要がある（➡ Q4·6）．

ケミカルクラックの発生が避けられない場合には**表 11.3** に示す防止対策がある．

（1）応力の低減

ケミカルクラック発生限界応力を超えなければクラックは発生しない．残留応力を小さくするように成形条件を調整する，成形条件で低減できないときにはアニール処理をして残留応力を低減する（➡ Q8·6），製品組み立て時に発

表 11.3　ケミカルクラックの防止対策

防止法	方法	対策
応力の低減	残留応力を低減	・成形品・金型設計の検討 ・成形条件の検討（金型温度，保圧） ・アニール処理
	組立発生応力を低減	・組み立て設計法の変更
薬液の変更	薬液を変更	・ケミカルクラック限界応力が高い薬液に変更
材料の変更	ケミカルクラックが発生しにくい材料に変更	・結晶性プラスチックへの変更 ・高分子量品種への変更 ・繊維強化材料への変更

生する応力を低減するように設計変更する，といった対策がある．

（2）薬液の変更

　薬液のケミカルクラック性を調べ，可能であればケミカルクラック限界応力が高い薬液に変更する．

（3）材料の変更

　一般的に結晶性プラスチックはケミカルクラックが発生しにくい．

　同じ材料でも高分子量材料ほどケミカルクラックは発生しにくくなる傾向がある．ただし，流動性が悪くなるので成形が困難になることがある．

　ガラス繊維強化材料はケミカルクラックが発生しても割れトラブルになりにくい．図 11.5 に示すように，迷路効果によってガラス繊維がクラックの進展を抑制するためと考えられる．

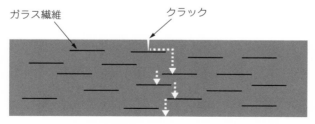

図 11.5　ガラス繊維強化品のクラック迷路効果の概念図

ポイント 11-7　ウェルドラインによる割れトラブル対策

　一般的にはウェルドライン（WL）のある成形品の強度はWLがないときの強度の50 %〜60 %である．WLの発生が避けられないときには，WL位置に高い応力がかからないようにゲート位置や肉厚分布を適切に設計することが大切である．また，対向流WLや偏流WLはウェルド強度が低いので，並走流WLになるように（➡ポイント9-9）設計するほうがよい．

　成形品に穴がある形状では，穴周囲にWLが発生することは避けられない．図11.6に示すように，図(a)のゲート位置では穴周囲に対向流WLが発生する．この穴に金属ボルトを通して締め付けるとWL部から割れトラブルになる．一方，図(b)のようにWL部の幅を広げた形状に変更すると並走流WLになるので割れトラブルになりにくい．また，図(c)に示すようにゲート位置を変更すると並走流WLになるので割れトラブルになりにくい．

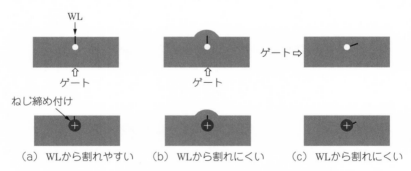

（a）WLから割れやすい　　（b）WLから割れにくい　　（c）WLから割れにくい

図11.6　ねじ締め付け部のウェルドライン（WL）と割れ

ポイント 11-8　ばらつきが大きい割れトラブルの原因究明

　同じ条件で成形して組み立てた製品でも割れトラブルになる製品とならない製品がある．

　脆性破壊するときには先行してクラックが発生し伝播して破壊する．破壊力学では，クラックは確率的な現象であるのでばらつきがあることは避けられな

いとされている（➡Q1·8）．したがって，割れトラブルの原因究明ではクラックまたは破壊の発生率として取り扱う必要がある．当然，応力が大きければクラックまたは破壊の発生率は高く，小さければ低くなる．クラックや破壊の原因究明をするときには1条件の試料数を可能な限り多くして，発生率がゼロになるように設計する必要がある．

　表11.4はPC試験片に設けられた下穴に金属ボルトを通して締め付けた後，1,000 hr経過した後にクラック発生率を調べた結果である[1]．下穴はウェルドラインの発生を避けるため機械加工で穴開けした後にアニール処理して熱ひずみを低減した．試験法は付図に示している．1条件での締め付け個数を12個で試験し，クラックの発生率（クラック発生数/12個）で表している．締め付けによって発生する応力を求めることは困難であるので，応力の代わりに締め付けトルクの大きさで評価している．同表からわかるように，締め付けトルクを大きくするとクラックの発生率は高くなりやがて100 %（12/12）になる．また，雰囲気温度が高い場合には室温より小さい締め付けトルクでもクラックが発生することもわかる．

表11.4　ねじ締め付けトルクとクラック発生率[1]

締め付けトルク (N·m)	雰囲気温度とクラック発生率				
	室温	50℃	75℃	100℃	125℃
1.0					
2.0				0/12	0/12
3.0		0/12	0/12	1/12	1/12
4.0	0/12	2/12	2/12	6/12	12/12
5.0	0/12	3/12	12/12	12/12	
6.0	2/12	12/12			

試験片：PC射出成形品
下穴加工：ドリル穴開け後に
　　　　　120℃，2 hrアニール処理
締め付け方法：付図
処理時間：1,000 hr
クラック数/試料数

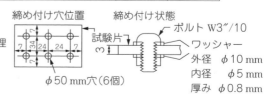

締め付け穴位置　締め付け状態

試験片

ボルト W3″/10
ワッシャー
外径　φ10 mm
内径　φ5 mm
厚み　φ0.8 mm

φ50 mm穴（6個）

ポイント 11-9 複合要因による割れトラブル対策

製品開発段階の試作品評価では不具合は認められなかったが，製品にして市場に出してから，いくつかの要因が重なったときに割れトラブルになることもある．このような割れトラブルは，日用製品のように使用者（消費者）の段階で多様な使い方をされるときに遭遇することが多い．つまり，試作検討段階の評価では想定できなかった条件で使用されたときに起こりやすい．

このような割れトラブルに対しては，発生現場を直接に調査して使用状態を調べる必要がある．原因究明のヒントは案外発生した現場で見つかることが多い．

ポイント 11-10 発生率が低い割れトラブル対策

発生率が低い割れトラブルは再現試験しても再現されず原因究明が難しいことがある．

発生率の低いトラブルは製品設計や成形条件に起因するよりも，成形過程で偶発的に発生する欠陥部，例えば，ウェルドライン，気泡，異物，クラックなどが原因で発生することが多い．欠陥部に起因する割れトラブルでは，破面解析が有効な手段となる．再現試験において，実際の割れトラブルと同じ破壊箇所や破面を再現させる条件がわかれば，割れトラブルの原因が特定できなくても，再現条件をすべて改善するように設計または成形条件を変更することで割れトラブルの再発を防止できることがある．

Q 11·1 下穴に金属ボルトを通して締め付けたときのクラックを防止するには？

　製品に下穴を設けておき，通しボルトで締め付けて接合する場合に，過大なトルクで締め付けるとワッシャ周辺から放射状にクラックが発生することがある．

　ボルトで製品を締め付けた状態を**図 11.7**(a)に示す．締め付けると圧縮力によってワッシャ座面下には圧縮ひずみ（応力）が発生する．ポアソン比の関係で圧縮ひずみによって周囲のプラスチック層を押し広げるひずみが発生するため，ボス内径の周方向に最大引張応力が発生する．この周方向最大引張応力がストレスクラック限界応力を上回ると，図(b)に示すようにワッシャ周囲から放射状にクラックが発生する．

　クラックを防止するには次の対策がある．

① 　締め付けトルクを小さくする．

② 　締め付け力が緩む懸念があるときには，スプリングワッシャを用いて緩みを防止する．

③ 　大面積のワッシャを使用して，受圧面積を広くして圧縮ひずみ（応力）を小さくする．

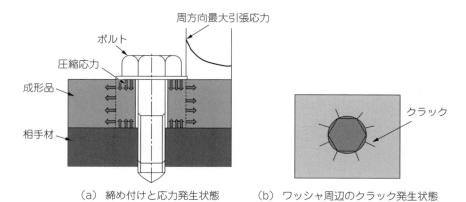

（a）締め付けと応力発生状態　　（b）ワッシャ周辺のクラック発生状態

図 11.7　通しボルト締め付けによる発生応力とクラック

Q&A Q **11·2**   タッピンねじ接合による
割れトラブルを防止するには？

　タッピンねじ接合はボスに設けられた下穴にタッピンねじを直接ねじ込んで，部品とともに接合する方法である．タッピンねじ接合は次の利点がある．

① 雌ねじを加工することなく，そのままねじ込んで接合できるので工程を簡素化できる．

② 成形ねじやタップ加工ねじによる接合に比較して，ねじの緩みが少ない．

　しかし，タッピンねじ接合ではボス（プラスチック層）にクラックが発生することがあるので注意しなければならない．図11.8はねじ締め付け部周囲から放射状にクラックが発生し，ボスの縦方向にクラックが発生した例である．

　図11.9において，$D_2 > d$（D_2はねじ山径，dは下穴径）に設計するので，ねじ込むとボスを外側に押し広げる応力が発生する．この応力によってボスを周方向に押し広げる引張応力が発生する．引張応力がストレスクラック限界応力を上回るとボスの縦方向にクラックが発生する．

　クラックを防止するため，次のように設計する．

① ボスを外側に押し広げる力を小さくするため，引っ掛かり率を0.5～0.6に設計する．

$$引っ掛かり率 = (D_2 - d)/(D_2 - D_1)$$
$$= 0.5 \sim 0.6 \qquad (11.1)$$

ここで，D_2はタッピンねじ山径，D_1はタッピンねじ谷径，dはボス下穴

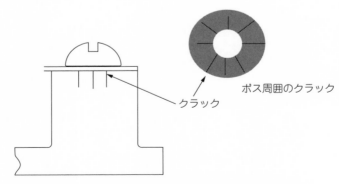

図11.8　タッピンねじ接合ボス周囲に発生したクラック

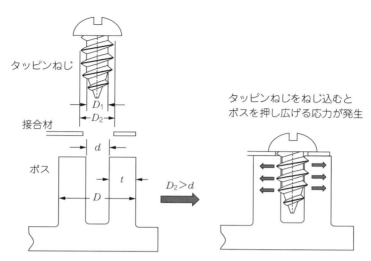

図 11.9　タッピンねじ接合と応力発生状態

径である．

　　式 (11.1) から，下穴径 d は次式で計算する．

$$d = D_2 - [(0.5 \sim 0.6) \times (D_2 - D_1)]\qquad(11.2)$$

② 　ボス肉厚を次のように設計する．

$$t = (0.5 \sim 1.0) \times D_2\qquad(11.3)$$

　ここで，t はボス肉厚，D_2 はタッピンねじ山径（呼び径）である．

　これはボス周囲のプラスチック層に発生する応力を小さくするとともに，クラックが発生してもプラスチック層を貫通して割れトラブルにならないようにするためである．

　図 11.10 に示すように，セルフタッピンねじには標準的に使用されているねじ山形成タッピンねじ（self forming screw）とねじ切りタッピンねじ（self cutting screw）がある．ねじ切りタッピンねじは，ねじ山を切りながらねじ込

ねじ山形成タッピンねじ　　　　　　ねじ切りタッピンねじ

図 11.10　タッピンねじの種類

むためボスを押し広げる応力が小さくなる．クラック発生を防止する点からね
じ切りタッピンねじを使用するほうが安全である．

Q&A Q 11·3 内ねじ付きキャップの割れトラブルを防止するには？

プラスチックは引張応力ではクラックが発生するが，圧縮応力では発生しに
くい特性がある．製品設計では圧縮応力が発生するように設計すると割れトラ
ブルを防止できる．

図 11.11(a)のように，内側に雌ねじを設けたキャップ成形品を配管の雄ね
じに締め付けるとキャップの内側鋭角コーナに最大引張応力が発生する．その
結果，締め付けトルクが大き過ぎると内側コーナから割れトラブルになる．図
(b)に示すように形状変更して締め付けると，パッキンの締め付け部には圧縮
応力が発生するので割れトラブルを防止できる．

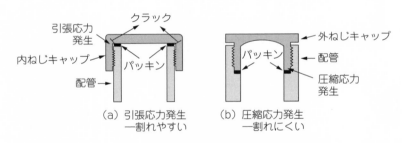

図 11.11　ねじキャップの割れ防止設計例

Q&A Q 11·4 皿ビス締め付けによる割れトラブルを防止するには？

図 11.12(a)のように皿ビスで締め付けると，周囲へ押し広げる引張応力が
発生する．引張応力がストレスクラック限界応力より大きいと図(b)に示すよ
うに放射状にクラックが発生する．

クラックを防止するには次の対策がある．

① 締め付けトルクを小さくする．

② 穴周辺のウェルド部からクラックが発生する場合には，ウェルド強度を

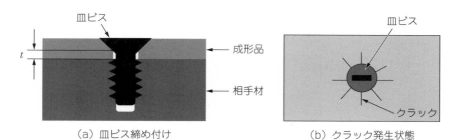

（a）皿ビス締め付け　　　　　　　　　　（b）クラック発生状態

図 11.12　皿ビス接合とクラック発生状態

高くするため，図(a)の t を厚くする．

③　**図 11.13** に示すように，平ビス接合に形状変更する．

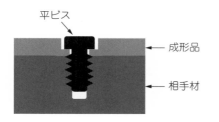

**図 11.13　平ビス接合への
設計変更例**

Q&A Q 11.5　金具プレスフィット（圧入）による割れトラブルを防止するには？

図 11.14 に示すように，プレスフィットはボス下穴径 D_1 より金具径 D_0 を少し大きく設計し，金具を圧入して接合する方法である．金具はボスを押し広げることで発生する面圧によって固定される．金具径 D_0 とボス下穴径 D_1 の差を締め代 ΔD という．プレスフィットでは圧入によって金具周囲のボス（プラスチック層）にクラックが発生しないように，締め代 ΔD を設計しなければならない．

金具側の圧縮変形を無視するとボス内縁に発生する最大引張応力は次式となる．

$$\sigma_{\max} = E \cdot \left(\frac{\Delta D}{D_0} \right) \cdot \left(1 + \frac{\nu}{W} \right)^{-1} \tag{11.4}$$

ここで，$\sigma_{\max}$ はボス内縁周方向に発生する最大引張応力（MPa），E はプラスチッ

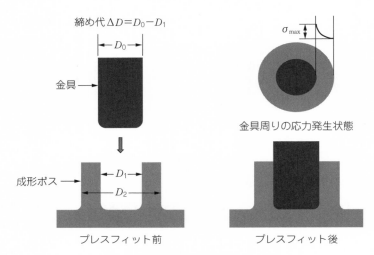

締め代 $\Delta D = D_0 - D_1$

D_0

金具

σ_{max}

金具周りの応力発生状態

成形ボス

D_1

D_2

プレスフィット前

プレスフィット後

図11.14 プレスフィット

クの引張弾性率 (MPa), ΔD は締め代 (mm) $= D_0 - D_1$, D_0 は金具直径 (mm), D_1 は下穴直径 (mm), D_2 はボス外径 (mm), ν はプラスチックのポアソン比, W は形状係数 $[1 + (D_0/D_2)^2]/[1 - (D_0/D_2)^2]$ である.

式 (11.4) から, 締め代 ΔD を大きく設計すると, 周方向に発生する最大引張応力 σ_{max} は大きくなる. プレスフィットは一定ひずみの応力状態であるのでクラックの発生を防止するには, 次のように設計する.

式 (11.4) から締め代 ΔD は次式で表される.

$$\Delta D = \frac{D_0 \cdot \sigma_{max}}{E}\left(1 + \frac{\nu}{W}\right) \qquad (11.5)$$

式 (11.5) の σ_{max} を一定ひずみにおける許容応力 σ_a を用いて締め代 ΔD を計算して下穴径を設計するとクラックを防止できる.

また, ボス外径 D_2 が大きいほど形状係数 W は小さくなるので, 締め代 ΔD をその分大きく設計できる.

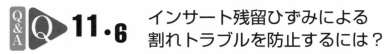

Q・11・6 インサート残留ひずみによる 割れトラブルを防止するには?

インサート金具周囲に発生する残留応力は金具とプラスチックの熱収縮差によって発生する (→Q8・3). 熱収縮差による残留応力はクラックを発生させ

るほど大きな値でないにもかかわらず，金具周囲にクラックが発生する現象を多く見かける．クラックを発生させる要因にはケミカルクラック，金具の鋭角コーナ，ウェルドラインなどがある．**表 11.5** に要因と対策を示す．

表 11.5　インサート金具残留応力のクラック原因と対策

要因	原因	対策
ケミカルクラック	インサート応力と金具に付着していた切削油	切削油の脱脂（非晶性プラスチック）
金具周りの鋭角コーナ	回り防止や抜け防止溝の鋭角コーナの応力集中	コーナにアールを付ける
ウェルドライン	金具周りに発生する対向流ウェルドライン	並走流ウェルドラインになるように設計変更

　ケミカルクラックは金具の加工時に使用した切削油が付着していたことによるものである．非晶性プラスチックのインサート成形品でよく遭遇する現象である．金具を加工したときに付着した切削油は揮発油などで洗浄・乾燥した後に使用しなければならない．

　インサート金具には抜けや回り防止のための溝が設けられる．溝に鋭角コーナがあると応力集中してクラックが発生する．可能な限り鋭角コーナがないように金具を加工する必要がある．

　インサート金具周りに対向流ウェルドラインが発生すると強度は低くなるので，クラックが発生することがある（**図 11.15**）．**図 11.16**(a)に示す形状では対向流ウェルドラインが発生するが，図(b)に示す形状に変更すると並走流ウェルドラインに近い流れ方になるのでクラックの発生を防止できる．

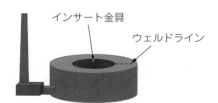

インサート金具
ウェルドライン

図 11.15　インサート金具周りの　　　　　ウェルドライン

ゲート   ゲート

（a）対向流ウェルドラインが発生   （b）並走流ウェルドラインが発生

図 11.16　ウェルドラインを避けた設計例

Q&A Q 11.7　ケミカルクラックを防止するには？

　ケミカルクラックによる割れトラブルを防止するには，製品の品質・コスト，設計・成形，2 次加工からの制約があるので応力低減，薬液変更，材料変更などさまざまな対策が取られる（➡ポイント 11-6）．いくつかの実例と対策を次に述べる．

（1）スクリーン印刷時の割れトラブルと応力低減対策

　メタクリル樹脂を用いて射出成形した計器文字板成形品をスクリーン印刷したところクラックが発生した．

　原因究明した結果，成形時に発生した残留応力とスクリーン印刷インキの溶剤の影響でケミカルクラックが発生したことがわかった．この製品は，外観品質の要求からスクリーン印刷インキの適用を避けることはできなかった．また，成形条件対策で残留応力を同インキ溶剤のケミカルクラック限界応力以下に低減することもできなかった．

　対策は，成形品を 80 ℃で 2 hr～3 hr のアニール処理を行って残留応力を低減した後にスクリーン印刷することで割れトラブルを解決した．

（2）切削油による割れトラブルと切削油変更対策

　変性ポリフェニレンエーテルを用いて成形した電気部品をタップねじ加工したところ，加工面からクラックが発生した．

　原因究明した結果，タップねじ加工時に発生した熱ひずみと加工時に使用した切削油によってケミカルクラックが発生したことがわかった．しかし，切削油を用いないと，タップねじ加工面に摩擦熱が発生しねじ加工が困難であった．また，タップねじ加工条件を変更しても切削油のケミカルクラック限界応力以下に熱ひずみを低減することはできなかった．

　対策は，通常の切削油を水溶性切削油に変更した．水で希釈してケミカルク
ラック性を低減することで割れトラブルを解決した．

（3）金型に残った防錆油による割れトラブルと防錆油の除去対策

　電気製品ハウジングをポリカーボネートで成形したところ，ハウジングの内
面からクラックが発生した．

　原因を究明したところ，図 11.17 に示すように金型の可動型と入れ子の合わ
せ面に残っていた防錆油が，成形時に金型温度が上昇したため防錆油の粘度が
低下しキャビティ表面ににじみ出てハウジング内面に付着した．その際に，成
形時の残留応力と防錆油の影響でケミカルクラックが発生したことがわかった．
成形条件の調整によって防錆油のケミカルクラック限界応力以下に残留応力を
低減することはできなかった．

　対策は，金型を分解し可動型と入れ子の合わせ面に残っていた防錆油をウエ
スできれいにふき取って除去した後に組み立てることで割れトラブルを解決し
た．

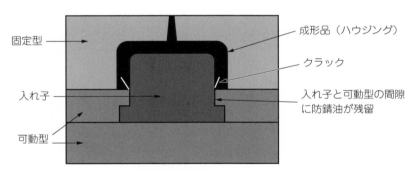

図 11.17　入れ子と可動型の間隙に残っていた防錆油によるケミカルクラック

（4）揮発油による割れトラブルと材料変更対策

　ポリカーボネート（PC）は耐衝撃性，耐候性，外観，寸法安定性などが優れ
ているので自動車アウタードアハンドルに使用されていたが，割れトラブルが
発生した．

　原因究明した結果，油汚れを除去するため，揮発油で拭いたことでケミカル
クラックが発生したことがわかった．残留応力を低減するため，成形条件（金
型温度，保圧）を調整したがケミカルクラック限界応力以下に低減することが

できなかった．アニール処理は生産性が低下し，コストアップになる問題点が
あった．

　対策としてポリマーアロイに材料変更することを検討した．ポリブチレンテ
レフタレート（PBT）は耐ケミカルクラック性が優れているが，耐衝撃性，外
観，寸法安定性などに課題がある．そこで，PC と PBT のアロイ組成比を最適
化して耐ケミカルクラック性を改良した．この PC/PBT ポリマーアロイに材料
変更することで割れトラブルを解決した．

Q&A Q 11・8　成形に起因する割れトラブルには どのような例がありますか？

　成形工程で強度に影響する要因には高次構造（分子配向，繊維配向，結晶化
度），分子量低下，残留ひずみ，ウェルドライン，異物などがある．割れトラブ
ル原因と対策を**表 11.6** に示す．

表 11.6　成形に起因する割れトラブル

要因	割れトラブル原因	対策
分子配向	分子配向に対して垂直方向の強度低下	➡ Q7・6
繊維配向	繊維配向に対して垂直方向の強度低下	➡ Q7・8
結晶化度	結晶化度の低下による強度，弾性率の低下	➡ Q7・9
熱分解	分子量低下による強度低下	➡ Q7・4
加水分解	分子量低下による強度低下 （PC，PBT，PET，PAR，LCP）	➡ Q7・2
過大な冷却ひずみ	クラック発生（応力集中による強度低下）	➡ Q8・2
ウェルドライン	ウェルド強度低下	➡ポイント 9-9
異物	応力集中による強度低下	➡ポイント 10-11

Q&A Q 11・9　2 次加工に起因する割れトラブルには どのような例がありますか？

　2 次加工には接着（溶剤接着，接着剤接着），塗装，印刷，溶着，機械加工な

どがある．2次加工による強度トラブル原因を**表11.7**に示す．

　対策は次のとおりである．

① 接着・接合部の応力集中は，**表11.8**に示すように応力の種類（引張，圧縮，曲げ）によって異なる．応力に応じて最適な形状に設計すべきである．

② 機械加工面に残る微細凹凸は，衝撃破壊，クリープ破壊，疲労破壊の応力集中源になるので，バフ加工などで平滑化する．

③ 溶剤，接着剤，塗料，印刷インクによるケミカルクラックは，応力と薬液の影響を考慮して対策する（➡ポイント11-6）．

④ 過大な熱ひずみによるストレスクラックは，溶着部や機械加工面の摩擦熱，せん断熱の発生をできるだけ抑制するように加工する（➡Q8·5）．

表11.7　2次加工による割れトラブル

2次加工法		割れトラブル原因
接着	溶剤接着	・接着部の段差（応力集中） ・溶剤によるケミカルクラック
	接着剤接着	・接着部の段差（応力集中） ・接着剤によるケミカルクラック
塗装，印刷		・塗料，印刷インクによるケミカルクラック
溶着（熱板溶着，超音波溶着，摩擦溶着，レーザ溶着など）		・過大な熱ひずみによるストレスクラック ・接合部の段差（応力集中）
機械加工		・過大な熱ひずみによるストレスクラック ・機械加工面の微細凹凸（応力集中）

表 11.8 接着・接合部形状と応力集中

名称	形状	応力集中		
		引張	圧縮	曲げ
突き合わせ		小	小	大
二重傾斜 重ね合わせ		小	小	中
重ね合わせ		大	大	大
差し込み 重ね合わせ		大	小	大
傾斜差し込み 重ね合わせ		中	小	大
二重 重ね合わせ		大	中	小
二重突合わせ 重ね合わせ		中	小	大
スカーフ		小	小	大

引用文献

1) 本間精一, 合成樹脂, **19** (2), 9–10 (1973)

索　引

著者略歴

本間　精一（ほんま　せいいち）

1963 年東京農工大学・工業化学科卒，同年三菱ガス化学㈱（旧 三菱江戸川化学）入社．ポリカーボネート樹脂の応用研究，技術サービスなどを担当．89 年プラスチックセンターを設立，ポリカーボネート，ポリアセタール，変性 PPE などの研究に従事．94 年三菱エンジニアプラスチックス㈱の設立に伴い移籍，技術企画，品質保証，企画開発，市場開発などの部長を歴任，99 年同社常務取締役．2001 年同社退社，本間技術士事務所を設立，現在に至る．主な著書に『基礎から学ぶ射出成形の不良対策』（丸善出版），『プラスチックポケットブック』（技術評論社），『やさしいプラスチック成形材料』『プラスチック成形技能検定公開試験問題の解説』（三光出版社），『射出成形特性を活かすプラスチック製品設計法』『プラスチック材料大全』（日刊工業新聞社），『プラスチック製品の設計，成形ノウハウ大全』（日経 BP 社），『実践　二次加工によるプラスチック製品の高機能化技術』『プラスチック製品の強度設計とトラブル対策』（エヌ・ティー・エス）など多数．

要点解説
設計者のためのプラスチックの強度特性　第 2 版

　　　　　　　　　　　令和 4 年 11 月 30 日　発　行

著作者　　本　間　精　一

発行者　　池　田　和　博

発行所　　丸善出版株式会社
　　　　　〒101-0051　東京都千代田区神田神保町二丁目 17 番
　　　　　編　集：電話（03）3512-3263／FAX（03）3512-3272
　　　　　営　業：電話（03）3512-3256／FAX（03）3512-3270
　　　　　https://www.maruzen-publishing.co.jp

© Seiichi Honma, 2022

組版印刷・美研プリンティング株式会社／製本・株式会社 松岳社

ISBN 978-4-621-30769-4　C 3058　　　　　　　Printed in Japan